Karthika Velusamy
Praghadeesh Manivannan

Aplicações ambientais da tecnologia de microarray

Karthika Velusamy
Praghadeesh Manivannan

Aplicações ambientais da tecnologia de microarray

ScienciaScripts

Imprint

Cover image: www.ingimage.com

This book is a translation from the original published under ISBN 978-3-659-81459-4.

Publisher:
Sciencia Scripts
is a trademark of
Dodo Books Indian Ocean Ltd. and OmniScriptum S.R.L publishing group

120 High Road, East Finchley, London, N2 9ED, United Kingdom
Str. Armeneasca 28/1, office 1, Chisinau MD-2012, Republic of Moldova, Europe
Printed at: see last page
ISBN: 978-620-8-16049-4

ÍNDICE

Capítulo 1. Introdução

Os poluentes ambientais estão a ser alvo de grande preocupação devido aos compostos recalcitrantes e xenobióticos. Uma variedade de hidrocarbonetos aromáticos polinucleares (HAP), xenobióticos, compostos clorados e nitro-aromáticos foram considerados altamente tóxicos, mutagénicos e carcinogénicos para os organismos vivos (Samanta *et al.,* 2002). Devido à sua diversidade, versatilidade e adaptabilidade, alguns microrganismos são considerados os melhores candidatos de entre todos os organismos vivos para remediar a maior parte dos contaminantes ambientais no ciclo biogeoquímico natural. Estes microrganismos apresentam uma gama notável de capacidades de degradação de contaminantes que podem restaurar eficazmente as condições ambientais naturais. É obrigatório um conhecimento dos microrganismos a nível genético para resolver os problemas subjacentes e as dificuldades práticas na sua utilização para a limpeza ambiental (Zhang *et al.,* 2005).

O ambiente do solo é altamente complexo, sendo a diversidade dos microrganismos do solo extremamente elevada. Através da cinética de re-associação do ADN, sabe-se que um grama de solo contém mais de 4000 genomas diferentes. Os sistemas diversificados, como o solo, podem ser mais resistentes a perturbações, uma vez que a remoção de uma parte dos componentes microbianos ou o facto de o componente microbiano ser comprometido de alguma forma, outros que prevalecem serão capazes de compensar. No entanto, os sistemas mais diversificados podem ser menos eficientes, uma vez que uma maior proporção da energia disponível é utilizada para combater as interações competitivas entre os vários componentes microbianos. Os microrganismos desempenham papéis únicos nas funções dos ecossistemas, como o ciclo biogeoquímico do carbono, azoto, enxofre, fósforo e vários metais. Os microrganismos também regulam as emissões de óxido nitroso no solo. No entanto, o papel exato de muitos microrganismos nestes ciclos é desconhecido (Fitter *et al.,* 2005). Devido à sua diversidade extremamente elevada e ao seu estatuto ainda não cultivado, a deteção, caraterização e quantificação microbianas em sistemas naturais são difíceis, especialmente em grande escala e de forma paralela e com elevado rendimento. Além disso, devido à elevada versatilidade, à rápida adaptação das populações microbianas, à elevada heterogeneidade e à diversidade em microescala nos solos, têm de ser aplicados métodos de elevado rendimento para compreender as alterações populacionais a um nível mais preciso e para poder estabelecer uma melhor ligação entre a diversidade microbiana e o funcionamento dos ecossistemas.

Os microarrays representam uma ferramenta poderosa para a identificação paralela e de elevado rendimento de muitos microrganismos em diferentes amostras ambientais. A tecnologia de microarranjos utiliza milhares de sondas (fragmentos de ADN ou ARN) ligadas a uma superfície sólida, ou seja, vidro ou membrana de nylon, para estudar os microrganismos (Schena 2003). Proporciona uma metodologia de elevado rendimento com grande velocidade e analisa também milhares de sequências genéticas simultaneamente (Shoemaker *et al.*, 2002). A tecnologia de microarray tem sido amplamente utilizada em vários domínios, como a biotecnologia, a ciência farmacêutica e a investigação clínica, mas recentemente tem sido aplicada às ciências ambientais (Wu *et al.*, 2004; Rhee *et al.*, 2004). A utilização da tecnologia de matrizes em estudos ambientais deverá facilitar uma melhor compreensão fundamental da ecologia, fisiologia, estrutura e função de sistemas ambientais complexos.

A análise microbiológica de alimentos, água e amostras ambientais é um aspeto importante da saúde pública que envolve um grande número de amostras a analisar diariamente. Estas análises são, em grande medida, realizadas por laboratórios estatais responsáveis, por laboratórios privados ou por empresas como medida de controlo de qualidade. Os métodos utilizados baseiam-se, na sua maioria, na cultura de agentes patogénicos ou microrganismos indicadores em determinados meios e são, portanto, simples, mas requerem dias ou, em alguns casos, semanas até se obterem resultados. Nas últimas décadas, foram desenvolvidos métodos moleculares, sobretudo técnicas baseadas na PCR, que detectam rapidamente o ADN de um microrganismo específico. A PCR é uma técnica muito conveniente para a deteção de micróbios individuais e os sistemas multiplex-PCR podem ser aplicados para a deteção de poucos organismos-alvo. No entanto, o potencial de multiplexagem é limitado, pelo que a abordagem não é a ideal quando é necessária a deteção paralela de todos os agentes patogénicos relevantes. Este elevado grau de paralelismo pode ser alcançado através da utilização de microarrays. Os microarrays baseados no ADN podem conter centenas a milhares de moléculas de sonda selectivas diferentes, concebidas para hibridizar com o respetivo ADN alvo, ou seja, o ADN dos microrganismos a detetar num único ensaio.

A análise da expressão genética foi a primeira questão a ser abordada pela tecnologia de micromatriz, mas nos últimos anos assistiu-se a uma expansão generalizada para outros domínios de aplicação, como a genómica comparativa, a análise de sequências e o diagnóstico. Este desenvolvimento tem sido apoiado e acompanhado por outras realizações tecnológicas, por exemplo, por diferentes tipos de moléculas de sonda, produtos químicos de superfície, métodos de amplificação/marcação e plataformas de microarray.

Os organismos vivos contêm milhares de genes que controlam as actividades celulares nas suas células. O estudo de um componente da célula de cada vez não dará uma imagem completa das actividades celulares; só através de uma integração abrangente de toda a maquinaria molecular que controla a célula é que se pode obter uma compreensão completa. Do mesmo modo, uma integração abrangente das actividades microbianas em amostras ambientais como o solo pode ser captada através da utilização da tecnologia de microarray, obtendo-se assim uma visão holística da comunidade microbiana. As abordagens microbiológicas tradicionais do solo analisam material derivado do crescimento microbiano, como culturas líquidas ou colónias obtidas por plaqueamento. No entanto, estes métodos deparam-se frequentemente com grandes limitações, uma vez que só é possível aceder a uma pequena fração do microbiota (<0,01%) do solo com base na cultura, pelo que não se obtém uma imagem completa da comunidade microbiana e cerca de 99% da população microbiana do solo continua a ser desconhecida.

Além disso, alguns microbiologistas do solo têm-se concentrado na evidência de processos e actividades como a respiração e a transformação enzimática da adição de substratos ao solo. As medições dos processos do solo dão uma ideia das transformações mediadas por micróbios nos solos. Essas transformações mediadas por micróbios não nos informam sobre os mecanismos, a composição funcional microbiana e a diversidade subjacente às diferenças ao nível dos processos. Assim, relacionar a diversidade e a função microbianas com os processos ecológicos continua a ser uma questão crítica no estudo da ecologia microbiana do solo.

A tecnologia de matriz tem aplicações alargadas nas ciências ambientais. É utilizada para estudar a dinâmica microbiana na análise de águas residuais, na produção de composto e no funcionamento do ciclo biogeoquímico. Além disso, apoia a análise de comunidades, a análise da biodiversidade, a caraterização da expressão genética e também a exploração do ambiente marinho (Kimberly *et al.*, 2003).

Na análise de águas residuais, os métodos convencionais de deteção de agentes patogénicos, como os ensaios de coliformes, são bem conhecidos pelas suas limitações técnicas. Estas técnicas só podem utilizar o nível de microrganismos coliformes como indicador da contaminação global por agentes patogénicos, não podendo assim identificar os agentes patogénicos no ambiente. A cultura de microrganismos indicadores é também morosa e laboriosa. Por conseguinte, têm sido procuradas alternativas precisas e independentes da cultura como métodos abrangentes de monitorização de agentes patogénicos na água e nas águas residuais. A investigação mais recente mostrou que o ensaio de microarray é uma alternativa promissora para a monitorização de agentes patogénicos ambientais (John *et al.*, 2005; Sarah *et al.*, 2008).

Os microarrays de ADN também foram construídos e avaliados para a deteção precisa de agentes patogénicos bacterianos em águas residuais municipais (Dae-Young Lee *et al.*, 2005). Esta técnica também foi utilizada para avaliar a presença de populações de bactérias nitrificantes numa estação de tratamento de águas residuais industriais sem amplificação utilizando hibridação por membrana (Kelly *et al.*, 2005).

As tecnologias de matriz são desenvolvidas e amplamente aplicadas em quase todos os domínios para pôr termo aos problemas a nível micro. A aplicação desta tecnologia a amostras ambientais apresenta desafios únicos que devem ser resolvidos no futuro. A extensão da diversidade genética no ambiente e as concentrações potencialmente baixas de biomassa e elevadas de contaminantes constituem um grande desafio para os biotecnólogos ambientais. Este texto apresenta as várias aplicações da tecnologia de microarray às ciências ambientais em aspectos de monitorização ambiental e de diagnóstico de doenças ambientais.

Capítulo 2. Tecnologia de microarray

Uma matriz é uma disposição ordenada de amostras em que a correspondência entre amostras de ADN conhecidas e desconhecidas é efectuada com base em regras de emparelhamento de bases. Uma experiência de matriz utiliza sistemas de ensaio comuns, como microplacas ou membranas de blotting padrão. Os pontos de amostragem têm normalmente menos de 200 microns de diâmetro e contêm normalmente milhares de pontos.

Milhares de amostras pontuais conhecidas como sondas (com identidade conhecida) são imobilizadas num suporte sólido (lâminas de vidro de microscópio ou pastilhas de silicone ou membrana de nylon). As manchas podem ser de ADN, ARNc ou oligonucleótidos. Estes são utilizados para determinar a ligação complementar das sequências desconhecidas, permitindo assim uma análise paralela da expressão genética e da descoberta de genes. Uma experiência com um único chip de ADN pode fornecer informações sobre milhares de genes em simultâneo. É importante uma disposição ordenada das sondas no suporte, uma vez que a localização de cada ponto na matriz é utilizada para a identificação de um gene.

Em comparação com os métodos convencionais de hibridação baseados em membranas, os microarrays oferecem as vantagens adicionais de deteção rápida, baixo custo, automatização e baixo nível de fundo. Os biochips são a base para ensaios bioquímicos miniaturizados e oferecem muitas vantagens em relação aos métodos analíticos convencionais, sendo as mais significativas: i) é possível investigar simultaneamente uma variedade de analitos na mesma amostra, ii) as quantidades de amostra necessárias são mínimas, iii) baixo consumo de reagentes escassos, iv) elevada miniaturização e v) elevado rendimento da amostra.

Arrays de genes funcionais

Os genes que codificam enzimas funcionais envolvidas em processos de ciclagem biogeoquímica (por exemplo, de carbono, azoto, sulfato e metais) são assinaturas muito úteis para monitorizar o estado fisiológico e as actividades funcionais de populações e comunidades microbianas em ambientes naturais. Os microarrays que contêm informações sobre a sequência de genes funcionais são designados por arrays de genes funcionais (FGAs), uma vez que são utilizados principalmente para a análise funcional da atividade da comunidade microbiana no ambiente (Wu *et al.,* 2001). Tal como os microarrays utilizados para monitorizar a expressão genética, tanto os oligonucleótidos como os fragmentos de ADN derivados de genes funcionais podem ser utilizados para fabricar FGAs.

O desempenho dos FGAs baseados em produtos de PCR para a deteção de microrganismos em amostras ambientais foi sistematicamente avaliado em termos de especificidade, sensibilidade e quantificação. Foi construído e avaliado um protótipo de FGA contendo ~ 120 genes (~400-800 pares de bases) envolvidos no ciclo do azoto a partir de culturas puras e dos clonados a partir de sedimentos marinhos.

Os resultados da hibridização em microarray indicaram que os genes que possuem <80-85% de identidade de sequência podem ser diferenciados em condições de hibridização de alta estringência (65°C). O limite de deteção para nirS (genes da redutase do nitrito) foi de aproximadamente 1 ng de ADN genómico puro e 25 ng de ADN da comunidade do solo utilizando o protocolo optimizado. Este nível de sensibilidade deve ser suficiente para muitos estudos em ecologia microbiana. Além disso, verificou-se uma forte relação quantitativa linear (r^2 = 0,89-0,94) entre a intensidade do sinal e a concentração do ADN alvo na gama de 1 a 100 ng para o ADN genómico de culturas puras e comunidades mistas. Os microarrays de ADN foram também utilizados para medir diferenças no número de cópias de ADN em tumores da mama (Pinkel *et al.*, 1998). Podem ser detectadas supressões ou adições de uma única cópia (Pollack *et al.*, 1999), o que sugere que a deteção baseada em microarrays é potencialmente quantitativa. Um estudo recente, no qual o ADNl foi co-posicionado com ADN de estirpes bacterianas de referência, também indicou que os microarrays podem quantificar com precisão os genes em amostras de ADN (Cho *et al.*, 2002).

No entanto, como a divergência das sequências afecta fortemente a intensidade do sinal de hibridação, a capacidade quantitativa dos microarrays para medir a abundância relativa dos genes visados em amostras ambientais complexas é menos clara. O problema mais óbvio é como interpretar corretamente os resultados de hibridação de amostras ambientais de diversidade desconhecida. Além disso, quando se constroem microarranjos com grandes fragmentos de ADN, as sondas utilizadas para o fabrico de microarranjos são geralmente amplificadas pela reação em cadeia da polimerase (PCR) a partir de clones ambientais ou de ADN genómico puro.

A obtenção desta diversidade de clones ambientais e estirpes bacterianas de várias fontes como modelos para amplificação é um grande desafio. Consequentemente, a construção de FGAs abrangentes que representem diversas sequências ambientais é difícil.

Para contornar este problema, foi desenvolvido e avaliado no meu laboratório outro tipo de FGA com sondas de 50 pares de bases. A principal vantagem do FGA de 50 mers é o facto de a construção ser muito mais fácil do que a dos FGAs baseados em produtos PCR, uma vez que as sondas podem ser diretamente concebidas e sintetizadas com base em informações sobre as sequências provenientes de bases de dados públicas. Por conseguinte, pode ser facilmente construída uma matriz abrangente que represente diversas sequências ambientais. Para determinar o desempenho potencial deste tipo de microarray para estudos ambientais, foi construído e avaliado um FGA de 50 mers utilizando 1033 genes envolvidos no ciclo do azoto (nirS, nirK, nifH, amoA e pmoA) e na redução do sulfito (dsrA e dsrB) a partir de bases de dados públicas e das nossas próprias colecções de sequências (S Tiquia *et al.*, dados não publicados). Os genes com menos de 86-90% de identidade de sequência foram claramente diferenciados utilizando condições de hibridação de 508C e 50% de formamida. Como esperado, a especificidade de hibridação do FGA de 50 mers é superior à do FGA baseado no produto de PCR. Ao comparar as sequências de sondas de culturas puras envolvidas na nitrificação, desnitrificação, fixação de azoto, oxidação de metano e redução de sulfato, a semelhança média destes genes funcionais ao nível das espécies variou entre 74 e 84%. Estes resultados sugerem que o FGA de 50 mers pode fornecer uma resolução ao nível da espécie para analisar microrganismos envolvidos nestes processos biogeoquímicos.

O limite de deteção foi de aproximadamente 8 ng de ADN genómico puro. Como esperado, a sensibilidade do FGA de 50 mers é dez vezes inferior à do FGA baseado no produto de PCR e 100 vezes inferior à dos arrays do genoma comunitário (CGAs) (Zhou *et al.*, 1996). Além disso, à semelhança dos FGAs baseados em produtos de PCR, observou-se uma forte relação linear entre a intensidade do sinal e as concentrações de ADN alvo na gama de 8-1000 ng para os seis grupos de genes funcionais (r^2 = 0,96-0,98).

Finalmente, utilizando 2 mg de ADN comunitário em massa de sedimentos marinhos, obtiveram-se hibridações muito fortes com o FGA de 50 mero. Estes resultados sugerem que a quantidade de amostra de ADN não deve ser um fator limitativo importante quando se utiliza este tipo de microarray para estudos ambientais, uma vez que os rendimentos médios de ADN de muitas amostras de solos e sedimentos de superfície variam geralmente entre 10 e 400 mg de ADN por grama de peso seco (Hurt *et al.*, 2001). Por conseguinte, o FGA de 50 mers tem potencial para ser utilizado como uma ferramenta paralela específica, sensível e potencialmente quantitativa para caraterizar a composição, a estrutura, a atividade e a dinâmica das comunidades microbianas em ambientes naturais.

Com base nestes resultados, está a ser concebido e construído no meu laboratório um FGA de 50 mers muito mais abrangente, com mais de 6000 sondas. As sondas representam grupos muito diversos de genes funcionais envolvidos no ciclo do azoto e do carbono, na utilização do fósforo, na degradação de contaminantes orgânicos e na resistência aos metais.

Matrizes genómicas comunitárias

Muitos microrganismos foram isolados de uma variedade de habitats naturais. No entanto, pouco ou nada se sabe sobre as sequências genómicas da maioria destes microrganismos. Uma coleção tão grande de culturas puras seria muito útil para monitorizar a composição, a estrutura e a dinâmica da comunidade microbiana em ambientes naturais se fosse possível desenvolver microarrays que não exigissem um conhecimento prévio das sequências genéticas. Assim, foi desenvolvido e avaliado no meu laboratório um novo protótipo de microarray contendo ADN genómico completo, CGA.

Para examinar a especificidade da hibridação em condições experimentais variáveis e para determinar os níveis limiares de diferenciação genómica, foi fabricado um protótipo de microarray que continha ADN genómico isolado de 67 microrganismos representativos do ambiente, classificados como a-, b- e g-proteobactérias e bactérias Grampositivas. Muitas das espécies selecionadas estão estreitamente relacionadas entre si com base nas filogenias dos genes do RNA ribossómico de subunidade pequena (SSU rRNA) e gyrB e pertencem principalmente a três géneros bacterianos principais, *Pseudomonas, Shewanella e Azoarcus.* As hibridizações de microarray a 558°C com 50% de formamida revelaram diferenças ao nível das espécies, tendo sido obtida uma diferenciação ao nível das estirpes para as hibridizações efectuadas a 658°C e 758°C. O limite de deteção, com ADN genómico puro marcado, foi estimado em cerca de 0,2 ng. Foram observadas fortes relações lineares entre a intensidade do sinal de hibridação e as concentrações de ADN alvo para culturas puras, uma mistura de modelos de ADN e uma população de células mistas (r^2 = 0,95- 0,98). Isto sugere que a hibridação CGA é potencialmente uma ferramenta quantitativa para a deteção e identificação de microrganismos em amostras ambientais. No entanto, ao utilizar CGAs para detetar populações bacterianas numa comunidade microbiana mista, devem ser utilizadas condições de hibridação rigorosas (por exemplo, 55-658°C e 50% de formamida) para minimizar qualquer hibridação cruzada potencial entre espécies e estirpes estreitamente relacionadas.

A CGA é concetualmente análoga à sondagem reversa do genoma da amostra (RSGP) baseada em membranas (Voordouw *et al.,* 1998), mas a hibridação CGA é nitidamente diferente da RSGP em termos do substrato de disposição e das estratégias de deteção do sinal. Ao contrário do RSGP, o CGA utiliza uma superfície não porosa para o fabrico e a deteção baseada na fluorescência. A capacidade de miniaturização exacta e precisa com robôs em substratos não porosos é um dos dois principais avanços das tecnologias genómicas baseadas em microarrays. O formato miniaturizado dos microarray, associado à deteção por fluorescência, representa uma revolução fundamental na análise biológica. Tal como o RSGP, a principal desvantagem do CGA é que só podem ser monitorizados os componentes cultivados de uma comunidade, uma vez que a construção exige a disponibilidade de isolados puros individuais, embora a hibridação baseada no CGA não exija a cultura. Com os recentes avanços na genómica ambiental, o ADN de elevado peso molecular de microrganismos não cultivados pode ser acedido através de cromossomas artificiais bacterianos (BAC). Os clones de BAC podem também ser utilizados para fabricar CGAs, permitindo assim a investigação de componentes não cultivados de uma comunidade microbiana complexa. É provável que os CGAs sejam muito úteis para a identificação bacteriana ao nível da espécie/estirpe. Foram observadas relações lineares significativas entre os rácios de hibridação dos CGA e os valores de semelhança das sequências derivados dos genes SSU rRNA e gyrB, da reassociação ADN-ADN ou dos perfis de impressão digital REP- e BOX-PCR (r^2 = 0,80-0,95). Devido à sua elevada capacidade, é possível construir

CGAs contendo estirpes de tipo bacteriano e também estirpes adequadamente relacionadas. Ao hibridar o ADN genómico de estirpes desconhecidas com este tipo de microarray, deve ser possível identificar rapidamente e de forma fiável estirpes desconhecidas, desde que exista uma sonda adequadamente relacionada no array. Quando se utilizam CGAs para a identificação de estirpes, devem utilizar-se primeiro condições de hibridação menos rigorosas (por exemplo, 458°C e 50% de formamida) para garantir a obtenção de bons sinais de hibridação para espécies-alvo relacionadas com distâncias muito pequenas. Se várias sondas apresentarem uma hibridação significativa com as estirpes-alvo desconhecidas, devem então ser utilizadas condições de hibridação altamente rigorosas.

Em comparação com a abordagem tradicional de reassociação ADN-ADN, os CGAs têm várias vantagens para determinar a relação entre espécies. Uma vez que muitos genomas bacterianos podem ser depositados em lâminas de microarray, as hibridizações em pares tediosas e laboriosas associadas à abordagem tradicional de reassociação ADN-ADN entre espécies diferentes não são necessárias com CGAs. Em contraste com a abordagem tradicional de reassociação ADN-ADN, que geralmente requer cerca de 100 mg de ADN, a hibridação baseada em CGA requer apenas cerca de 2 mg de ADN genómico. Isto é importante para determinar as relações entre espécies bacterianas que são recalcitrantes ao cultivo ou que crescem muito lentamente.

Matrizes filogenéticas de oligonucleótidos

Os genes rRNA são moléculas poderosas para estudar as relações filogenéticas entre diferentes organismos, para analisar a estrutura das comunidades microbianas em ambientes naturais e como alvos úteis para o desenvolvimento de abordagens de deteção baseadas em microarranjos. Os microarranjos de oligonucleótidos que contêm informações de genes de rRNA são designados microarranjos de oligonucleótidos filogenéticos (POA), porque esses microarranjos são utilizados principalmente para a análise filogenética de comunidades microbianas. As sondas de oligonucleótidos podem ser concebidas num quadro filogenético para pesquisar diferentes níveis de conservação de sequências, desde sequências altamente conservadas que dão uma ampla resolução taxonómica até sequências hipervariáveis que dão agrupamentos ao nível do género e da espécie. Uma vez que existem iniciadores universais altamente conservados para a amplificação dos genes rRNA, os genes SSU rRNA podem ser amplificados antes da hibridação em matriz e, por conseguinte, a hibridação baseada em POA pode ser facilmente associada à amplificação por PCR. Por conseguinte, podem ser efectuados ensaios altamente sensíveis. No entanto, a hibridação baseada em POA apresenta alguns desafios técnicos únicos.

Como os genes de rRNA são altamente conservados e estão presentes em todos os microrganismos, a deteção específica com hibridação baseada em POA pode ser difícil. Embora vários estudos anteriores tenham demonstrado que é possível efetuar uma deteção específica com base nos genes do rRNA utilizando microarranjos de oligonucleótidos em gelpad (Koizumi *et al.*, 2002) e microarranjos bidimensionais em vidro, a especificidade da deteção continua a ser uma questão crítica central. Recentemente, Urakawa et al. (2002) avaliaram os efeitos das incompatibilidades terminais e terminais de pares de bases simples na temperatura de fusão e na intensidade do sinal de hibridação de microarranjos utilizando microarranjos de oligonucleótidos em gel-pad. Os seus resultados demonstraram que a posição da incompatibilidade e o tipo de incompatibilidade têm efeitos significativos na temperatura de fusão e na intensidade do sinal. Também avaliámos se a incompatibilidade de base única dos genes SSU rRNA pode ser obtida através de microarrays baseados em lâminas de vidro. A intensidade do sinal das sondas com incompatibilidade de base única foi três a dez vezes inferior à das sondas de correspondência perfeita. A discriminação e a intensidade de sinal máximas foram alcançadas com sondas de 19 bases. Do mesmo modo, os nossos resultados indicaram que é possível obter uma discriminação de base única para os genes SSU rRNA com hibridação em matriz baseada em lâminas de vidro, mas a discriminação completa parece ser problemática no caso dos genes SSU rRNA. A diferenciação de base única também foi obtida com a proteína de choque térmico Hsp70 em Cryptosporidium parvum (Straub *et al.*, 2002).

As matrizes de oligonucleótidos baseadas no gene SSU rRNA estão ainda nas primeiras fases de desenvolvimento e, por conseguinte, apenas alguns estudos aplicaram POAs à análise da estrutura da comunidade microbiana de amostras ambientais. Utilizando a tecnologia Affymetrix baseada em fotolitografia, Wilson et al. (2002) conceberam um microarray com 31 179 sondas de oligonucleótidos de 20 mer específicos para os genes SSU rRNA. Todas as sondas eram derivadas de uma pequena região do gene SSU rRNA (ou seja, as posições 1409-1491 *de Escherichia coli*), que eram ligadas em ambas as extremidades por segmentos universalmente conservados. O microarray também continha sequências de controlo, que estavam emparelhadas com as sequências de sonda. Uma sequência de controlo era idêntica à sequência de sonda emparelhada, exceto que havia um nucleótido incompatível na 11ª posição. Assim, o microarray continha um total de 62.358 caraterísticas. O número de sondas para sequências individuais contidas no Ribosomal Database Project (RDP versão 5.0, contendo aproximadamente 3200 sequências) variava entre 0 e 70. Foi utilizado um total de 17 culturas bacterianas puras para avaliar o desempenho deste microarray e 15 espécies bacterianas foram identificadas corretamente. No entanto, não conseguiu resolver as sequências individuais que compõem amostras mistas complexas. Loy et al. desenvolveram uma matriz de vidro com 132 sondas de oligonucleótidos orientadas para o SSU rRNA, representando todos os grupos reconhecidos de procariotas redutores de sulfato. As hibridizações de microarray com 41 estirpes de referência mostraram que, nas condições de hibridização utilizadas, foi obtida uma discriminação clara entre sondas perfeitamente combinadas e não combinadas para a maioria, mas não para todas as 132 sondas. Utilizaram este microarray para determinar a diversidade de procariotas redutores de sulfato em bolsas dentárias periodontais e num tapete de cianobactérias hipersalinas. Os resultados da hibridação de microarray foram consistentes com os obtidos utilizando métodos moleculares convencionais bem estabelecidos. Estes resultados sugerem que a hibridação de microarray é uma ferramenta poderosa para analisar a estrutura da comunidade, mas é necessária muita cautela na interpretação dos dados devido ao potencial de hibridação cruzada.

Matrizes de quadros de leitura aberta de todo o genoma para revelar diferenças genómicas e parentesco

Muitos microrganismos que estão intimamente relacionados com base nas sequências do gene SSU rRNA apresentam diferenças dramáticas nas caraterísticas fenotípicas. Uma forma de compreender a base genética de tais diferenças fenotípicas consiste em obter informações sobre a sequência do genoma completo de todas as espécies estreitamente relacionadas de interesse. Os padrões de semelhança e variabilidade das sequências fornecerão informações sobre a conservação das funções dos genes, a plasticidade fisiológica e os processos evolutivos. No entanto, a sequenciação dos genomas completos de todas as espécies estreitamente relacionadas é dispendiosa e morosa. Além disso, poderá não ser necessário sequenciar todos os genomas estreitamente relacionados quando estiver disponível a sequência completa do genoma de um microrganismo representativo, porque partes substanciais da sequência genómica serão comuns a espécies estreitamente relacionadas.

Uma forma de contornar a necessidade de sequenciar vários genomas estreitamente relacionados é utilizar microarranjos de ADN contendo quadros de leitura abertos (ORF) individuais de um microrganismo sequenciado para visualizar a diversidade do genoma e o grau de parentesco de outros microrganismos estreitamente relacionados.

A abordagem de hibridação baseada em matrizes de ORF do genoma completo foi utilizada para revelar a diversidade do genoma e o parentesco entre organismos estreitamente relacionados em vários estudos.

Murray et al. (2001) utilizaram esta abordagem para avaliar a diversidade do genoma e a relação de parentesco de várias bactérias redutoras de metais relacionadas com o género Shewanella, utilizando microarrays parciais de ORF para a bactéria redutora de metais Shewanella oneidensis MR-1 sequenciada.

Foram identificados genes conservados e pouco conservados entre as nove espécies testadas. Nas condições utilizadas neste estudo, os resultados da hibridação foram mais informativos para os organismos estreitamente relacionados com semelhanças de sequência de SSU rRNA superiores a 93% e semelhanças de sequência de gyrB superiores a 80%. Acima deste nível de homologia, as semelhanças dos perfis de hibridação de microarray foram fortemente correlacionadas com a divergência da sequência de gyrB. Além disso, a maioria dos genes em operons tinha altos níveis de parentesco de DNA, sugerindo que esta abordagem pode ser usada para identificar genes ou operons que foram transferidos horizontalmente.

Utilizando as matrizes ORF para E. coli K-12, Dong et al. (2001) identificaram os genes num endófito comum do milho, *Klebsiella pneumoniae* estirpe 342, que está estreitamente relacionado com *E. coli*. Cerca de 3000 (70%) genes de E. coli foram encontrados na estirpe 342 *de K. pneumoniae* com mais de 55% de identidade, enquanto cerca de 24% dos genes de E. coli estavam ausentes na estirpe 342. Os genes com elevada identidade de sequência foram os envolvidos na divisão celular, replicação do ADN, transcrição, tradução, transporte, proteínas reguladoras, energia, metabolismo de aminoácidos e ácidos gordos e síntese de cofactores, enquanto os genes menos conservados foram os envolvidos no metabolismo de compostos de carbono, proteínas de membrana, proteínas estruturais, metabolismo intermediário central e proteínas envolvidas na adaptação e proteção.

Os genes que não foram identificados na estirpe 342 de *K. pneumonia* incluíam proteínas reguladoras putativas, chaperonas putativas, proteínas de estrutura superficial, proteínas de mobilidade, enzimas putativas e proteínas hipotéticas. Estes resultados de diversidade genómica são consistentes com as propriedades fisiológicas destas duas estirpes, sugerindo que a comparação de todo o genoma com base em microarray é uma abordagem poderosa para revelar a diversidade genómica e o parentesco de organismos estreitamente relacionados.

A abordagem de matriz de ORF do genoma completo também foi utilizada com êxito para identificar diferenças genómicas entre 15 estirpes de Helicobacter pylori com diferenças de virulência e para detetar deleções existentes noutras estirpes, como *Mycobacterium tuberculosis* e *M. bovis*. Todos estes estudos sugerem que as matrizes de ORF do genoma completo serão úteis para revelar diferenças e parentescos no genoma. Estão disponíveis matrizes de ORF do genoma completo para muitos microrganismos e serão úteis para estudar a diversidade do genoma e o parentesco de microrganismos estreitamente relacionados. Por exemplo, estão disponíveis no Oak Ridge National Laboratory, TN, EUA, matrizes do genoma completo para seis microrganismos importantes para o ambiente, incluindo *Shewanella oneidensis* MR-1, *Deinococcus radiodurans* R1, *Rhodopseudomonas palustris, Nitrosomonas europaea, Desulfovibrio vulgaris* e *Geobacter metallireducens*; estamos atualmente a utilizar estas matrizes de ORF do genoma completo para compreender a diversidade e o parentesco do genoma de outros isolados ambientais importantes.

Capítulo 3. Princípio e ideia de base

O princípio fundamental subjacente aos microarrays é a hibridação, ou seja, o emparelhamento de bases (Fig. 1) entre duas cadeias de ADN, a propriedade das sequências de ácidos nucleicos complementares de se emparelharem especificamente umas com as outras através da formação de ligações de hidrogénio entre pares de bases nucleotídicas complementares. Um elevado número de pares de bases complementares numa sequência de nucleótidos significa uma ligação não covalente mais estreita entre as duas cadeias. Após a lavagem das sequências de ligação não específica, apenas as cadeias fortemente emparelhadas permanecerão hibridizadas.

As sequências alvo marcadas fluorescentemente que se ligam a uma sequência de sonda geram um sinal que depende das condições de hibridação (como a temperatura) e da lavagem após a hibridação. A intensidade total do sinal, a partir de um ponto (caraterística), depende da quantidade de amostra alvo que se liga às sondas presentes nesse ponto. Os microarrays utilizam uma quantização relativa em que a intensidade de uma caraterística é comparada com a intensidade da mesma caraterística numa condição diferente e a identidade da caraterística é conhecida pela sua posição.

Fig 1: Emparelhamento de bases de ADN

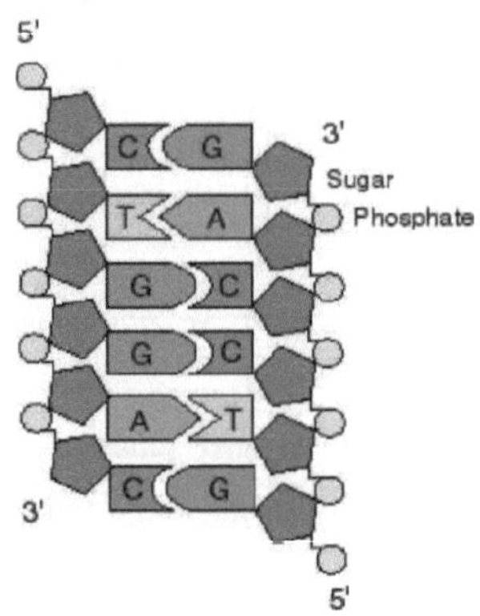

Capítulo 4. Microarrays de um canal e de dois canais

Em microarrays de canal único ou microarrays de uma cor, os arrays fornecem dados de intensidade para cada sonda ou conjunto de sondas, indicando um nível relativo de hibridação com o alvo marcado. No entanto, não indicam verdadeiramente os níveis de abundância de um gene, mas sim a abundância relativa quando comparada com outras amostras ou condições quando processadas na mesma experiência. Cada molécula de ARN encontra um viés específico do protocolo e do lote durante as fases de amplificação, marcação e hibridação da experiência, tornando as comparações entre genes para o mesmo microarray pouco informativas. A comparação de duas condições para o mesmo gene requer duas hibridações separadas com um único corante. Vários sistemas populares de canal único são o "Gene Chip" da Affymetrix, o "Bead Chip" da Illumina, as matrizes de canal único da Agilent, as matrizes "CodeLink" da Applied Microarrays e o "DualChip & Silverquant" da Eppendorf. Um dos pontos fortes do sistema de corante único reside no facto de uma amostra aberrante não poder afetar os dados brutos derivados de outras amostras, porque cada chip de matriz é exposto a apenas uma amostra (ao contrário de um sistema de duas cores em que uma única amostra de baixa qualidade pode afetar drasticamente a precisão global dos dados, mesmo que a outra amostra seja de alta qualidade). Outra vantagem é o facto de os dados serem mais facilmente comparados com matrizes de diferentes experiências, desde que os efeitos de lote tenham sido tidos em conta. Uma desvantagem do sistema de uma cor é que, quando comparado com o sistema de duas cores, é necessário o dobro dos microarrays para comparar amostras numa experiência.

Os microarrays de duas cores ou microarrays de dois canais são normalmente hibridizados com cDNA preparado a partir de duas amostras a comparar (por exemplo, amostras contaminadas versus amostras saudáveis) e que são marcadas com dois fluoróforos diferentes, como se mostra na Fig. 2 (Shalon *et al.,* 1996). Os corantes fluorescentes normalmente utilizados para a marcação do cADN incluem o Cy3, que tem um comprimento de onda de emissão de fluorescência de 570 nm (correspondente à parte verde do espetro luminoso), e o Cy5, com um comprimento de onda de emissão de fluorescência de 670 nm (correspondente à parte vermelha do espetro luminoso). As duas amostras de cADN marcadas com Cy são misturadas e hibridizadas num único microarray, que é depois digitalizado num scanner de microarray para visualizar a fluorescência dos dois fluoróforos após excitação com um feixe laser de um comprimento de onda definido. As intensidades relativas de cada fluoróforo podem então ser utilizadas numa análise baseada em rácios para identificar genes com regulação positiva e negativa.

Fig. 2. Microarrays de duas cores

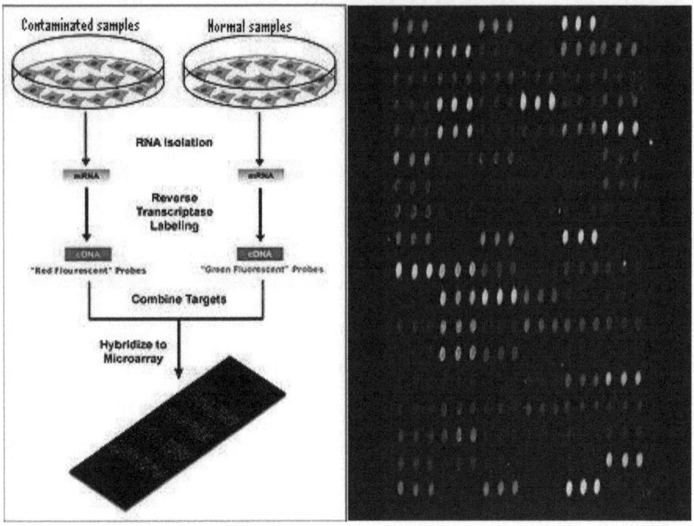

Vermelho : amostras contaminadas

Verde : amostras normais

Amarelo: Falso positivo ou genes relativos às amostras contaminadas

Os microarrays de oligonucleótidos contêm frequentemente sondas de controlo concebidas para hibridizar com spike-ins de ARN. O grau de hibridação entre os spike-ins e as sondas de controlo é utilizado para normalizar as medições de hibridação para as sondas alvo. Embora os níveis absolutos de expressão genética possam ser determinados na matriz de duas cores em casos raros, as diferenças relativas de expressão entre diferentes pontos de uma amostra e entre amostras é o método preferido de análise de dados para o sistema de duas cores. Exemplos de fornecedores de microarrays deste tipo incluem a Agilent com a sua plataforma Dual-Mode, a Eppendorf com a sua plataforma DualChip para marcação colorimétrica Silverquant e a TeleChem International com o Arrayit.

Capítulo 5. Tipos de microarrays

Os microarrays podem ser divididos em dois formatos principais com base no tipo de sondas imobilizadas: (1) microarrays de ADN construídos com fragmentos de ADN tipicamente gerados utilizando a reação em cadeia da polimerase (PCR) (Schena *et al.*, 1995; DeRisi *et al,* 1997; Marshall e Hodgson, 1998); e (2) microarrays de oligonucleótidos construídos com sequências de oligonucleótidos mais curtas (10- a 40-mer) ou mais longas (até 120-mer), concebidas para serem complementares de regiões codificadoras específicas de interesse. Os microarrays de ADN têm certas vantagens sobre os microarrays de oligonucleótidos, especialmente para monitorizar os padrões de expressão genética. Enquanto os microarrays de oligonucleótidos estão limitados a elementos de array de baixa complexidade de sequência, a especificidade da hibridação para uma sonda complexa é melhorada com arrays que contêm fragmentos de ADN substancialmente mais longos do que os oligonucleótidos (Shalon *et al.,* 1996). Além disso, a síntese de oligonucleótidos exige um conhecimento prévio da sequência, ao passo que as matrizes de ADN não o exigem porque os fragmentos de ADN de sequências desconhecidas podem ser amplificados a partir de clones utilizando iniciadores específicos do vetor.

Para microarrays construídos com elementos de ADN amplificados por PCR, podem ser dispostos ácidos nucleicos de praticamente qualquer comprimento, composição ou origem (Shalon *et al.,* 1996). No entanto, os microarrays baseados em oligonucleótidos têm a vantagem de minimizar os efeitos potencialmente confusos da hibridação cruzada ocasional (Wodicka *et al.,* 1997) e são especialmente adequados para a deteção de mutações e polimorfismos genéticos. Uma vez que as sondas de oligonucleótidos podem ser sintetizadas comercialmente, o manuseamento e o rastreio dos elementos da matriz de oligonucleótidos, ao contrário dos produtos de PCR, são geralmente mais fáceis. A amplificação de todas as sondas com uma quantidade mínima desejada para impressão é trabalhosa e morosa.

Com base na imobilização da sonda e nas estratégias de fabrico, existem dois tipos gerais de microarrays de oligonucleótidos:

1. Síntese paralela direta em substratos sólidos por produtos químicos fotoactiváveis ou dirigidos pela luz (Pease *et al.,* 1994; Lipshultz *et al.,* 1999) ou produtos químicos fosforamidíticos padrão (Southern *et al.,* 1994); ou

2. Ligação química de oligonucleótidos pré-fabricados a suportes sólidos (Khrapko *et al.,* 1989; Beattie *et al.,* 1992, 1995; Eggers *et al.,* 1994; Lamture *et al.,* 1994; Fotin *et al.,* 1998; Guschin *et al.,* 1997a, b; Rehman *et al.,* 1999; Rogers *et al.,* 1999).

Cada estratégia de imobilização de oligonucleótidos tem o seu próprio conjunto de vantagens e desvantagens específicas (Schena *et al.*, 1998; Hoheisel, 1997). A abordagem de síntese direta ou in situ tem duas grandes vantagens. Em primeiro lugar, as versões fotoprotegidas das quatro bases de ADN permitem que os microarrays sejam fabricados diretamente a partir de bases de dados de sequências de ADN, eliminando assim os aspectos incertos e onerosos do manuseamento e rastreio das amostras. Em segundo lugar, a utilização de reagentes sintéticos minimiza as variações entre matrizes, garantindo um elevado grau de precisão em cada ciclo de acoplamento. O custo é uma das principais desvantagens da abordagem fotolitográfica; as fotomáscaras, que direcionam a luz para áreas específicas da matriz para síntese química localizada, são muito dispendiosas e demoradas a conceber e construir. Além disso, o rendimento e o comprimento dos oligonucleótidos sintetizados estão sujeitos a uma grande variação e incerteza, o que pode levar a efeitos imprevisíveis na hibridação da matriz. Uma grande vantagem da ligação de sondas pré-sintetizadas é que a concentração e o comprimento de cada oligonucleótido na matriz podem ser controlados antes da imobilização. A química de síntese padrão também está bem estabelecida para muitos derivados de nucleótidos para os quais não estão disponíveis equivalentes de monómeros induzíveis por luz. Além disso, a abordagem pós-síntese é menos complicada e pode ser personalizada de acordo com as necessidades específicas do laboratório. No entanto, a desvantagem crítica da abordagem pós-síntese continua a ser a necessidade de síntese externa e armazenamento de diferentes oligonucleótidos antes do fabrico da matriz.

Dependendo do tipo de amostra imobilizada utilizada para construir matrizes e da informação obtida, as experiências de microarray podem ser classificadas de três formas:

a) **Análise da expressão por microarray**: Nesta configuração experimental, o cDNA derivado do mRNA de genes conhecidos é imobilizado. A amostra contém genes tanto de tecidos normais como de tecidos doentes. Obtêm-se pontos cada vez mais intensos para o gene do tecido doente se o gene estiver sobre-expresso na condição de doença. Este padrão de expressão é então comparado com o padrão de expressão de um gene responsável por uma doença.

b) **Microarray para análise de mutações**: Para esta análise, os investigadores utilizam gDNA. Os genes podem diferir uns dos outros apenas por uma única base nucleotídica. A diferença de uma única base entre duas sequências é conhecida como polimorfismo de nucleótido único (SNP) e a sua deteção é conhecida como deteção de SNP.

c) **Hibridação Genómica Comparativa:** É utilizada para a identificação do aumento ou diminuição de fragmentos cromossómicos importantes que albergam genes envolvidos numa doença.

5.1. Pastilhas de ADN ou microarranjos de ADN

Um chip de ADN é uma tecnologia de elevado rendimento utilizada em biologia molecular e em medicina. Consiste numa série ordenada de milhares de pontos microscópicos de oligonucleótidos de ADN, denominados elementos, cada um contendo picomoles de uma sequência de ADN específica. Pode tratar-se de uma secção curta de um gene ou de outro elemento de ADN, que são utilizados como sondas para hibridar uma amostra de cADN ou ARNc (designada por alvo) em condições de elevada rigidez. A hibridação sonda-alvo é normalmente detectada e quantificada por deteção baseada na fluorescência de alvos marcados com fluoróforos para determinar a abundância relativa de sequências de ácidos nucleicos no alvo.

Uma pastilha de ADN consiste, na maioria dos casos, numa lâmina de vidro ou de quartzo que actua como suporte e que é funcionalizada com uma série de sondas (caraterísticas). Uma única sonda contém moléculas idênticas, razão pela qual é também designada por "feature". Em alguns casos, as sondas são repetidas de forma idêntica uma ou duas vezes para obter uma redundância e, assim, uma maior fiabilidade dos resultados. A matriz está disposta numa grelha e é caracterizada, à primeira vista, por dois parâmetros: número de sondas e tamanho do elemento. É claro que estes dois parâmetros não são independentes um do outro, mas são frequentemente utilizados para dar uma indicação sobre a quantidade de informação disponível e a complexidade do contexto tecnológico.

O princípio básico de funcionamento de um chip de ADN (Fig. 3) consiste em três etapas principais: 1) Funcionalização, ou seja, a imobilização de diferentes sequências de ADN em diferentes posições (sondas); 2) Hibridação, colocar as substâncias a analisar em contacto com as sondas, inundando o chip com a solução da amostra e deixando que a hibridação ocorra; 3) Leitura, depois de lavar o chip para remover todas as moléculas não ligadas, a matriz é analisada para detetar em que sondas ocorreu uma hibridação.

Fig. 3. Fichas de ADN

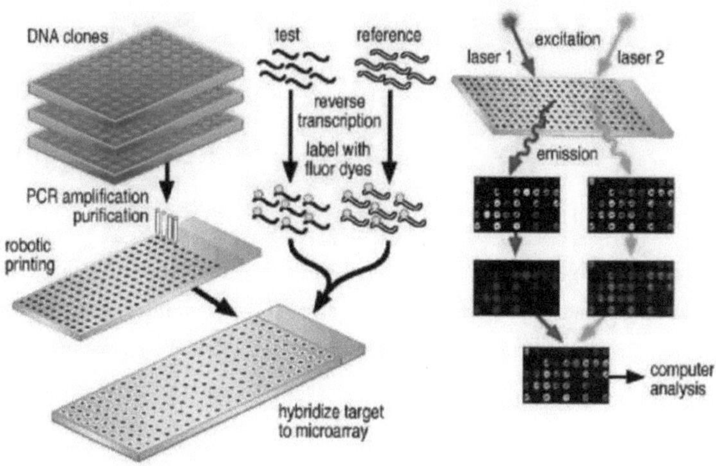

Dependendo dos diferentes domínios de aplicação, por exemplo, expressão genética para rastreio de medicamentos ou diagnóstico médico de cancro ou doenças genéticas, os requisitos para a pastilha de ADN podem incluir elevada sensibilidade, ampla gama dinâmica e elevada especificidade. Os dois primeiros parâmetros reflectem a capacidade de dar uma resposta correta em diferentes intensidades de hibridação, enquanto o último mostra a eficiência na rejeição de analitos com qualquer incompatibilidade mínima.

5.2. Matrizes de oligonucleótidos

As matrizes de oligonucleótidos (registadas como GeneChip pela Affymetrix) utilizam pequenos fragmentos de genes de 25 pares de bases como ADN a ser colocado numa matriz (Cheng, 2001). No total, são colocadas 11 a 16 cópias deste ADN para cada gene a ser colocado na matriz. Estes fragmentos de ADN, frequentemente designados por sondas, são selecionados para terem pouca reatividade cruzada com outros genes, de modo a minimizar a hibridação não específica. No entanto, ocorrerá alguma hibridação não específica; para combater esta situação, uma segunda sonda idêntica à primeira, exceto no que se refere a uma base não correspondida no seu centro, é colocada ao lado da primeira. Esta é a chamada **estratégia de sonda Perfect Match/Mismatch (PM/MM)**. Qualquer hibridação de fundo com a sonda MM é subtraída do sinal da sonda PM, o que resulta numa hibridação perfeita.

Fig. 4. Visão geral do microarray de oligonucleótidos

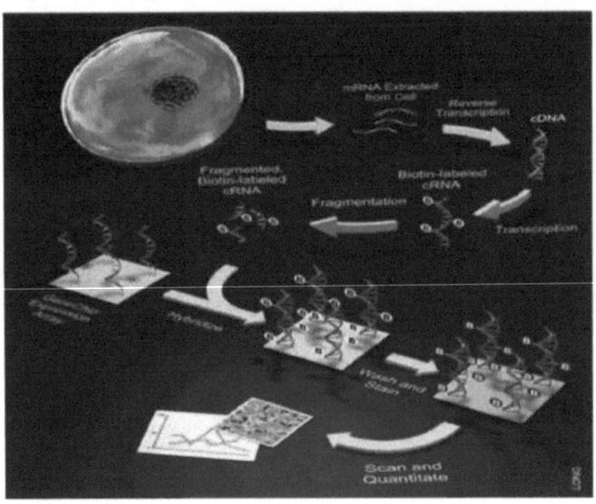

Os microarrays de oligonucleótidos consistem em pequenos fragmentos de ADN (sondas) sintetizados quimicamente em locais específicos (pontos) de uma superfície sólida (Fig. 4). As sondas têm normalmente 25 a 60 nucleótidos de comprimento e são sintetizadas em paralelo, numa série de passos repetitivos. Cada passo acrescenta um determinado nucleótido a regiões selecionadas do chip. A seleção ocorre por exposição à luz com a ajuda de uma máscara fotolitográfica ou de matrizes de microespelhos.

Fig. 5. Síntese de nucleótidos

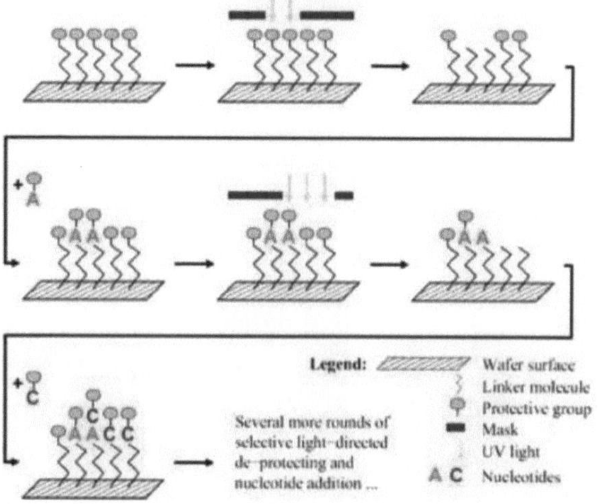

Independentemente do método utilizado para dirigir a luz (máscaras ou matrizes de microespelhos), é possível que algumas sondas sejam acidentalmente activadas para acoplamento químico devido à difração, dispersão ou reflexão interna da luz na superfície do chip (Fig. 5). Esta iluminação indesejada de regiões introduz nucleótidos inesperados que alteram as sequências das sondas, reduzindo significativamente as suas hipóteses de hibridação bem sucedida com os seus alvos e introduzindo hibridações cruzadas. É mais provável que este problema ocorra perto das fronteiras entre um ponto mascarado e um ponto não mascarado (no caso da síntese sem máscara, entre um ponto que está a receber luz e um ponto que não está), daí o termo conflito de fronteiras.

5.3. Matriz de cDNA

Uma matriz de cDNA é uma tecnologia diferente que utiliza o mesmo princípio; neste caso, as sondas são pedaços maiores de ADN que são complementares aos genes (Cheng, 2001). Atualmente, as sondas de cDNA para a construção da matriz podem ser geradas a partir de uma biblioteca de cDNA disponível no mercado, o que garante uma representação aproximada de todo o genoma de um organismo na matriz. Em alternativa, pode ser utilizada a PCR com iniciadores específicos para amplificar genes específicos a partir do ADN genómico, a fim de gerar as sondas de cADN. Deve ser efectuada uma reação de PCR separada para cada gene, embora estas reacções possam ser realizadas em paralelo. Depois de preparadas, as sondas de cADN podem ser mecanicamente colocadas numa lâmina de vidro, normalmente em duplicado, para servirem de controlo.

Fig. 6. Microarray de cDNA

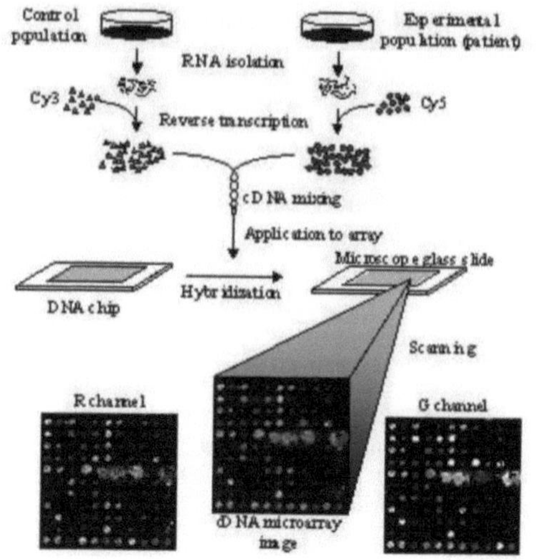

A tecnologia de microarray de cDNA é considerada uma das ferramentas mais importantes e poderosas utilizadas para extrair e interpretar informações genómicas. A experiência de microarray de cDNA (Fig. 6) requer o isolamento do ácido ribonucleico (ARN) das amostras de controlo (conhecidas) e experimentais (desconhecidas). O processo de transcrição reversa é utilizado para converter os ARN extraídos em ARNc, que são posteriormente marcados com sondas fluorescentes, geralmente Cy3 para o controlo e Cy5 para o canal experimental. Após os procedimentos subsequentes de hibridação e lavagem, os microarrays de cDNA são digitalizados a ~540 nm (verde) para o controlo e ~630 nm (vermelho) para o canal experimental, respetivamente. O procedimento de digitalização produz duas imagens monocromáticas de 16 bits, que são posteriormente registadas numa imagem vermelho-verde de dois canais. A análise dos dados de microarrays de cDNA ajuda a monitorizar os níveis de expressão de milhares de genes em simultâneo e fornece informações relevantes para a atividade celular. Por conseguinte, os microarrays de cDNA têm encontrado aplicações na investigação toxicológica, na descoberta de genes e medicamentos e no diagnóstico de doenças (por exemplo, cancro, diabetes e doenças genéticas).

5.4. Pastilha de proteínas

Um microarray de proteínas, por vezes referido como microarray de ligação de proteínas, é um pedaço de vidro no qual foram afixadas diferentes moléculas de proteínas em locais separados e de forma ordenada, formando assim uma matriz microscópica. São utilizadas para identificar interações proteína-proteína, para identificar os substratos das proteínas cinases ou para identificar os alvos de pequenas moléculas biologicamente activas. A matriz de proteínas mais comum é a matriz de anticorpos, em que os anticorpos são colocados na pastilha de proteínas e utilizados como moléculas de captura para detetar proteínas a partir de soluções de lisado celular.

Os microarrays de proteínas são capazes de medir uma grande abundância de proteínas de uma forma de elevado rendimento, utilizando um método muito semelhante ao dos chips de ADN, que consiste nas três etapas principais de funcionalização, hibridação e leitura, mas, no caso das proteínas, o cenário torna-se mais complicado por várias razões, entre as quais as mais importantes são: i) são possíveis muitos tipos diferentes de funcionalização e hibridação devido à grande variedade de proteínas (e.e.g.: anticorpo-antigénio-anticorpo, antigénio-anticorpo, proteína-proteína, proteína-lipossoma, proteína-fármaco, recetor-enzima, hidrato de carbono-anticorpo, etc.), ii) até à data, não existe uma abordagem de funcionalização e hibridação de proteínas.ii) até à data, não existe uma técnica equivalente à PCR para a amplificação de proteínas, pelo que os requisitos relativos à relação sinal-ruído são fortemente reforçados, iii) dado que as estruturas tridimensionais das proteínas são significativamente diferentes das estruturas do ADN, a fixação do fluoróforo é frequentemente um problema de probabilidade e é necessária uma ferramenta de análise estatística sofisticada para os microarrays de proteínas, iv) os materiais de transporte tradicionais e os métodos de imobilização podem facilmente levar à desnaturação e inativação das proteínas, pelo que são necessárias novas estratégias. Todas estas questões explicam o facto de o desenvolvimento de microarrays de proteínas ter começado muito mais tarde do que as pastilhas de ADN e de o seu desenvolvimento estar ainda em curso.

5.5. Microarray de tecidos

Os microarranjos de tecidos (também designados por TMA) consistem em blocos de parafina nos quais até 1000 núcleos de tecido separados são montados em forma de matriz para permitir uma análise histológica simultânea (Fig. 7). Na técnica de microarray de tecidos, é utilizada uma agulha oca para remover núcleos de tecido com um diâmetro tão pequeno como 0,6 mm de regiões de interesse em tecidos incluídos em parafina, tais como biópsias clínicas ou amostras de tumores. Estes núcleos de tecido são então inseridos num bloco de parafina recetor, num padrão de matriz precisamente espaçado. As secções deste bloco são cortadas com um micrótomo, montadas numa lâmina de microscópio e depois analisadas por qualquer método de análise histológica padrão. Cada bloco de microarray pode ser cortado em 100 - 500 secções, que podem ser submetidas a testes independentes.

Fig. 7. Microarray de tecidos

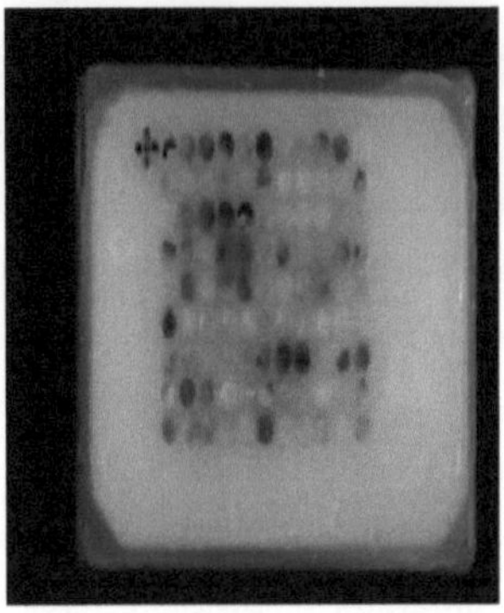

Os testes normalmente utilizados em microarrays de tecidos incluem a imunohistoquímica e a hibridação fluorescente *in situ*. Os microarrays de tecidos são particularmente úteis na análise de amostras de cancro.

5.6. Microarray de anticorpos

Um microarray de anticorpos é uma forma específica de microarray de proteínas, em que uma coleção de anticorpos de captura é colocada e fixada numa superfície sólida, como vidro, plástico ou pastilha de silicone, para efeitos de deteção de antigénios. O microarray de anticorpos é frequentemente utilizado para detetar expressões proteicas a partir de lisados de células em investigação geral e biomarcadores especiais a partir de soro ou urina para aplicações de diagnóstico.

5.7. Microarray de compostos químicos

Um microarray de compostos químicos é uma coleção de compostos químicos orgânicos colocados numa superfície sólida, como o vidro e o plástico. Este formato de microarray é muito semelhante ao microarray de ADN, ao microarray de proteínas e ao microarray de anticorpos. Na investigação em genética química, são habitualmente utilizados para procurar proteínas que se ligam a compostos químicos específicos e, na investigação geral sobre a descoberta de medicamentos, são utilizados para procurar potenciais medicamentos para alvos terapêuticos.

Capítulo 6. Fabrico de microarranjos

6.1. Substratos para microarray

O substrato utilizado para a impressão de microarrays tem, em última análise, um grande impacto na qualidade dos dados obtidos a partir de hibridizações de microarrays. Um mau tratamento da superfície pode resultar numa má fixação das sondas de ADN à lâmina, e uma superfície não uniforme causará variações na quantidade de ADN fixado. Além disso, as substâncias residuais depositadas na superfície da lâmina durante uma experiência de microarray podem dar origem a uma fluorescência de fundo elevada ou a ruído. Os substratos utilizados para o fabrico de microarrays dividem-se em duas categorias: porosos e não porosos.

6.1.1. Substrato não poroso

Atualmente, uma superfície sólida não porosa é o tipo mais comum de substrato utilizado para a impressão de matrizes. Vários materiais não porosos, como o vidro e o polipropileno, são adequados para o fabrico de microarranjos. As lâminas de vidro são os substratos mais utilizados, porque são baratas, possuem caraterísticas físicas vantajosas para a hibridação e são facilmente modificadas para a fixação e síntese de ácidos nucleicos (Southern, 2001). Em geral, os substratos não porosos oferecem uma série de vantagens em relação aos substratos porosos (Schena e Davis, 2000).

Em primeiro lugar, podem ser depositadas pequenas quantidades de moléculas em posições precisas e predefinidas na superfície do substrato com pouca difusão, permitindo assim a capacidade de alta densidade dos microarrays. Em segundo lugar, a hibridação entre as moléculas alvo e as moléculas da sonda ocorre a um ritmo muito mais rápido em superfícies sólidas não porosas do que em substratos porosos. Isto deve-se ao facto de as moléculas não terem de se difundir para dentro e para fora dos poros e, consequentemente, a inibição estérica da hibridação não constitui um problema (Southern, 2001). Em terceiro lugar, uma vez que é possível aplicar pequenos volumes de amostra a uma superfície não porosa sob uma lamela, é possível obter elevadas concentrações de sonda, uma cinética de hibridação rápida e uma elevada sensibilidade. Em quarto lugar, os substratos não porosos impedem a absorção de reagentes e amostras nos poros, permitindo assim que os materiais marcados não ligados sejam facilmente removidos. Este facto acelera o procedimento, melhora a reprodutibilidade e reduz os antecedentes. Em quinto lugar, um substrato não poroso tem uma fluorescência intrínseca baixa, permitindo assim a utilização da deteção de fluorescência. Por último, um substrato sólido oferece uma superfície de fixação homogénea e a sua planura uniforme inerente permite uma verdadeira análise paralela. No entanto, uma das principais desvantagens dos substratos não porosos, como o vidro, é a suscetibilidade à contaminação por poeiras e outras partículas transportadas pelo ar, o que pode fazer com que uma lâmina digitalizada pareça "suja". A modificação incorrecta das lâminas de microarrays é outra causa comum de maus resultados de hibridação (Southern, 2001). Além disso, devido à superfície plana, a capacidade de imobilização é limitada e, consequentemente, a sensibilidade do ensaio é relativamente baixa em comparação com a dos substratos porosos (Afanassiev *et al.*, 2000).

6.1.2. Substratos porosos

Também foram utilizados substratos porosos, como membranas de nitrocelulose e nylon, para o fabrico de microarrays (Englert, 2000). A principal vantagem das membranas é que podem ser imobilizados volumes e concentrações maiores de amostras numa área pequena, porque os poros dos substratos proporcionam uma área de superfície total maior para ligação. Consequentemente, é possível obter uma sensibilidade relativamente mais elevada e uma melhor gama dinâmica para a comparação quantitativa. Também se obtêm mais facilmente manchas homogéneas, porque as amostras depositadas são capazes de se distribuir imediatamente na membrana através do fluxo capilar. Além disso, os microarrays baseados em membranas podem ser reutilizados várias vezes (Beier e Hoheisel, 1999). No entanto, existem algumas desvantagens importantes na utilização de membranas porosas para o fabrico de microarrays. Os limites e as formas das manchas são mal definidos e as membranas incham com o solvente e encolhem e distorcem quando secas. Esta fragilidade e flexibilidade dificultam a localização exacta das posições das sondas durante a análise das manchas e das imagens. Além disso, muitas membranas têm uma fluorescência intrínseca elevada e, por conseguinte, um ruído de fundo mais elevado do que os substratos não porosos. Além disso, uma vez que as dimensões dos pontos numa membrana não podem ser reduzidas a um nível comparável ao das lâminas de vidro ou de outros substratos não porosos, é necessário muito mais ADN para produzir um microarray com base em membranas (Beier e Hoheisel, 1999).

De um modo geral, os substratos não porosos são preferidos para as experiências de microarray, embora os substratos porosos tenham algumas vantagens. Tal deve-se ao facto de as caraterísticas físicas e químicas únicas das lâminas de vidro (por exemplo, pouca difusão, baixa fluorescência intrínseca) permitirem a miniaturização e a utilização de marcação e deteção fluorescentes, que são os requisitos mais importantes para a análise genómica em grande escala. O formato miniaturizado de microarrays, associado à deteção por fluorescência, representa uma revolução fundamental na análise biológica (Schena e Davis, 2000).

6.2. Modificação da superfície para a fixação de ácidos nucleicos

6.2.1. Estratégias de ligação

A fixação e a retenção adequadas das sondas de ácido nucleico numa superfície de matriz são muito importantes para a análise de microarray. Para uma hibridação fiável de microarranjos, a química de fixação deve satisfazer os seguintes critérios (i) os ácidos nucleicos têm de estar fortemente ligados (covalentemente) à superfície da matriz; (ii) as moléculas ligadas à superfície têm de estar acessíveis para hibridação; e (iii) a química de fixação tem de ser reprodutível. Tanto a interação iónica como a ligação covalente, que são descritas mais pormenorizadamente a seguir, são utilizadas para fixar os ácidos nucleicos a superfícies sólidas, dependendo do tamanho das moléculas de ácido nucleico.

Interação eletrostática. Os fragmentos de ADN longos (da ordem de várias centenas de bases de comprimento) podem ser imobilizados numa superfície de vidro através da interação iónica entre a estrutura fosfodiéster carregada negativamente e a superfície da lâmina carregada positivamente (Fig. 2A). Estudos recentes mostraram que os oligonucleótidos sintéticos com mais de 70 pb de comprimento também podem ser ligados a superfícies de vidro através de interação iónica (Hughes *et al.*, 2001). Geralmente, é utilizado um revestimento de amina ou lisina para adsorver o ADN às lâminas de vidro. Uma vez que as aminas têm uma carga positiva a pH neutro, permitem a fixação de moléculas de ADN nativas através da formação de ligações iónicas com a espinha dorsal de fosfato carregada negativamente.

A ligação eletrostática pode ser reforçada expondo as matrizes fabricadas à luz ultravioleta ou ao calor, o que induz o acoplamento baseado em radicais livres entre os resíduos de timidina no ADN e os carbonos na alquil amina. A combinação de ligação eletrostática e ligação covalente não específica liga o ADN nativo à superfície do substrato de uma forma estável. Embora a ligação mediada por interação iónica seja menos dispendiosa e mais versátil do que a ligação covalente (Worley *et al.*, 2000), as moléculas de ADN imobilizadas são susceptíveis de serem removidas em condições de elevado teor de sal e/ou de temperatura elevada. Por conseguinte, são preferidos os métodos de ligação covalente.

Ligação covalente. O ADN também pode ser ligado covalentemente a superfícies de vidro utilizando diferentes produtos químicos de ligação (Fig. 2B). Embora as moléculas de ADN longas possam ser ligadas covalentemente à superfície do microarray através de diferentes métodos, a imobilização de ADN aminado numa lâmina revestida com aldeído é o método de escolha habitual (Zammatteo *et al.*, 2000). Uma vez que os oligonucleótidos são tipicamente curtos, é geralmente necessária uma ligação covalente para fixar essas moléculas a uma superfície de vidro. Normalmente, os oligonucleótidos são fixados covalentemente em superfícies sólidas numa extremidade da molécula, utilizando uma variedade de métodos. A fixação de biomoléculas a uma fase sólida apresenta alguns problemas que são exclusivos das soluções homogéneas.

Uma vez que a sonda ligada não tem liberdade para se difundir, é de esperar uma taxa de reação mais baixa. Além disso, as moléculas alvo em solução podem não ser capazes de interagir eficazmente com as sondas ligadas devido ao impedimento estérico do suporte sólido e à proximidade de outras sondas ligadas (Shchepinov *et al.*, 1997). São utilizadas moléculas adicionais, denominadas ligantes ou espaçadores, para ligar a sonda à superfície do substrato, proporcionando assim uma distância suficiente entre a sonda de oligonucleótido e o suporte para minimizar a interferência estérica. Para servir como um ligante eficaz, a molécula deve satisfazer vários critérios (Guo *et al.*, 1994).

Em primeiro lugar, a ligação deve ser quimicamente estável nas condições de hibridação utilizadas e deve ser suficientemente longa para minimizar a interferência estérica. Em segundo lugar, o ligante deve ser suficientemente hidrofílico para ser livremente solúvel numa solução aquosa. Em terceiro lugar, não deve existir qualquer ligação não específica do ligante ao suporte. Shchepinov et al. (1997) demonstraram que o ligante ótimo para imobilizar oligonucleótidos nos terminais 50 ou 30 deve ter uma baixa densidade de carga negativa e um comprimento de 30-60 átomos.

Em geral, durante a síntese dos oligonucleótidos, é acoplado um ligante à sonda. Foram utilizados vários tipos de ligantes, incluindo poli-dT (Guo *et al.*, 1994; Rehman *et al.*, 1999; Afanassiev *et al.*, 2000), poli átomos de carbono (Afanassiev *et al.*, 2000) e oligodesoxirribonucleótidos com estruturas de laço de haste em gancho (Zhao *et al.*, 2001). Estudos demonstraram que o comprimento do espaçador tem um impacto significativo no sucesso da hibridação. Embora praticamente nenhum sinal de hibridação tenha sido observado para espaçadores poli-dT (15 pb), foi obtido um aumento de cerca de 20 vezes da hibridação para um espaçador poli-dT de 15 nucleótidos (Guo *et al.*, 1994). Foi também examinado o efeito de ligantes compostos por múltiplos átomos de carbono (por exemplo, C36, C18, C12 e C6) na hibridação de microarrays (Afanassiev *et al.*, 2000). Em geral, a intensidade do sinal foi melhorada com um ligante C mais longo. Também pode ser adicionado um espaçador modificando quimicamente a superfície da lâmina (Guo *et al.*, 1994; Beier e Hoheisel, 1999).

Os oligonucleótidos podem ser imobilizados em suportes sólidos através de reticuladores homobifuncionais ou hetero-biofuncionais. Por exemplo, os oligonucleótidos modificados com amino podem ser ligados covalentemente a superfícies de vidro que contenham grupos funcionais amina através de reticuladores homobiofuncionais (Guo *et al.*, 1994) e a superfícies de vidro que contenham aldeído e epóxido através de reticuladores hetero biofuncionais (Lamture *et al.*, 1994; Schena *et al.*, 1996). Os oligonucleótidos modificados com tiol ou dissulfureto podem ser ligados à superfície de vidro com grupos funcionais de amina através de reticulantes hetero-biofuncionais (Chrisey *et al.*, 1996). Um reticulador hetero-biofuncional é geralmente preferido a um reticulador homobiofuncional para evitar ligações superfície-superfície e ligações sonda-sonda em oposição às desejadas ligações superfície-sonda (Steel *et al.*, 2000). Quando se utiliza um reticulador hetero-biofuncional, a sonda deve ter uma química de modificação diferente da superfície da matriz.

Embora as lâminas de microscópio feitas de vidro de baixa fluorescência sejam substratos adequados para a construção de microarranjos, a superfície do vidro deve ser modificada com um revestimento químico e limpa (por exemplo, sem partículas de pó) antes da utilização. A superfície do vidro deve possuir grupos funcionais adequados para a fixação de moléculas de ADN alvo, uma vez que o ADN não se liga intrinsecamente ao vidro não tratado. Uma superfície hidrofóbica é essencial para a obtenção de manchas de elevada densidade, uma vez que as amostras hidrofílicas manchadas se espalharão menos numa superfície hidrofóbica do que numa superfície de vidro hidrofílico não tratado (Rose, 2000).

A qualidade do revestimento da lâmina afecta, em última análise, a qualidade dos dados do microarray. Um mau revestimento da superfície pode resultar numa fraca retenção da sonda. Para uma consistência ponto a ponto, o revestimento deve ser uniforme e homogéneo, sem manchas não tratadas. Além disso, o revestimento tem de ser não fluorescente e capaz de resistir a condições físicas difíceis, como a ebulição, a cozedura e a imersão. A silanização, o revestimento com ligantes dendriméricos, o revestimento com gel e o revestimento com nitrocelulose são tipos de modificações da superfície do vidro que são discutidos em maior detalhe nas secções seguintes.

6.2.2. Silanização

Os silanos são utilizados mais frequentemente para a modificação da superfície das lâminas, a fim de fornecer grupos funcionais orgânicos para a ligação covalente de biomoléculas (Shriver-Lake, 1998), e as lâminas de vidro silanizadas estão disponíveis comercialmente em várias empresas. As lâminas de vidro podem ser modificadas para conter hidroxilos de superfície que reagem com resíduos metoxi ou etoxi de uma molécula de silano. Muitos silanos diferentes disponíveis no mercado contêm vários grupos funcionais reactivos, como amino, epóxido, ácido carboxílico e aldeído, que são adequados para ligação covalente com biomoléculas adequadamente modificadas (Schena, 2003). A maioria das análises de microarrays é efectuada com superfícies de lâminas que contêm grupos reactivos de aminas e aldeídos (Schena, 2003), que permitem a fixação de biomoléculas através de interações electrostáticas ou de ligações covalentes. A silanização pode ser efectuada simplesmente por imersão das lâminas numa solução contendo silano ou por deposição de vapor (Steel *et al.,* 2000; Worley *et al.,* 2000). O revestimento em fase de vapor é mais eficaz na deposição uniforme de uma monocamada de silano na superfície da lâmina (Chrisey *et al.,* 1996; Worley *et al.,* 2000).

6.2.3. Revestimento de ligantes dendriméricos

Para aumentar a capacidade de ligação das sondas em matriz, foi desenvolvida uma química mais elaborada para sintetizar ligantes dendriméricos em lâminas de vidro silanizadas para permitir a ligação covalente de moléculas de ADN aminadas (Beier e Hoheisel, 1999). Este sistema de ligação multiplica os locais de acoplamento, introduzindo grupos reactivos adicionais através de moléculas de ligação ramificadas. Este sistema de ligação tem várias vantagens. Em primeiro lugar, permite a imobilização covalente de oligonucleótidos pré-sintetizados e sintetizados in situ em lâminas de vidro. Em segundo lugar, o sistema de ligação dendrimérica aumenta a capacidade de carga por um fator de 10. Em terceiro lugar, elimina a ligação não específica de sondas de hibridação e proporciona um baixo fundo fluorescente. Em quarto lugar, a ligação covalente é estável e os microarrays podem ser reutilizados várias vezes. Finalmente, a ligação através de um grupo terminal das moléculas ligadas não produz efeitos negativos aparentes na eficiência da hibridação.

6.2.4. Revestimento de gel

As estratégias de fixação recentemente desenvolvidas que utilizam poliacrilamida ou agarose para modificação da superfície combinam as vantagens dos substratos porosos e não porosos (Afanassiev *et al.*, 2000; Zlatanova e Mirzabekov, 2001). Nesta abordagem, os elementos ou almofadas de gel de poliacrilamida, com dimensões entre 10 £ 10 £ 5 e 100 £ 100 £ 20 mm3 e volumes que variam entre picolitros e nanolitros, são fixados à superfície do vidro. Uma vez que cada bloco de gel está rodeado por uma superfície hidrofóbica que impede a difusão da solução entre os elementos, estes podem funcionar de forma independente. As moléculas da sonda são imobilizadas nas almofadas de gel por aplicação robótica. Em comparação com a fixação direta de sondas a suportes sólidos, a utilização de gel-pads de poliacrilamida como suporte de imobilização oferece algumas vantagens importantes (Drobyshev *et al.*, 1999). A imobilização tridimensional de sondas em almofadas de gel proporciona uma maior capacidade de densidade e um ambiente mais homogéneo do que a imobilização heterofásica em vidro, conduzindo a uma maior sensibilidade e a uma taxa de hibridação mais rápida (Vasiliskov *et al.*, 1999).

No entanto, tal como os suportes baseados em membranas de nylon, as almofadas de gel podem produzir níveis de fundo mais elevados (Beier e Hoheisel, 1999). Além disso, existem restrições quanto ao tamanho das moléculas que podem difundir-se no gel, pelo que pode ser necessária a fragmentação da sonda e do ADN alvo para gerar moléculas de tamanho adequado (Englert, 2000).

A conveniência de utilizar a estratégia de ligação por gel-pad é limitada pelo facto de o método exigir a ativação de géis e sondas com produtos químicos reactivos lábeis (Rehman *et al.*, 1999). Foi desenvolvido um método de fixação mais flexível que utiliza a copolimerização de oligonucleótidos modificados com 50 terminais com monómeros de acrilamida (Rehman *et al.*, 1999). As vantagens deste método são que as sondas podem ser preparadas facilmente utilizando produtos químicos de síntese de ADN padrão e as sondas podem ser imobilizadas de forma específica e eficiente na ausência de agentes de reticulação química altamente reactivos e instáveis.

A agarose foi também examinada como material de revestimento para a fixação de sondas (Afanassiev *et al.*, 2000). A película de agarose é activada para produzir sítios reactivos que permitem a imobilização covalente de moléculas com grupos amino. A agarose tem uma maior capacidade de ligação em comparação com uma superfície plana à base de vidro e não interfere com a deteção de fluorescência. Ao contrário dos géis de acrilamida (Zlatanova e Mirzabekov, 2001) e dos sistemas ramificados dendriméricos (Beier e Hoheisel, 1999), este método não requer uma tecnologia de preparação complexa.

6.2.5. Revestimento de nitrocelulose

As lâminas de vidro revestidas com um polímero patenteado à base de nitrocelulose foram também examinadas como suporte de imobilização (Stillman e Tonkinson, 2000). O polímero à base de nitrocelulose pode ligar biomoléculas (ADN e proteínas) de forma não covalente mas irreversível, proporcionando uma melhor consistência ponto a ponto, uma maior capacidade de ligação e uma maior gama dinâmica em comparação com outras modificações das lâminas de vidro. As lâminas revestidas com nitrocelulose também são adequadas para a deteção fluorescente devido à sua capacidade de dispersão de luz relativamente baixa. Embora tenham um fundo fluorescente mais elevado, o sinal subtraído do fundo é significativamente mais elevado neste suporte do que no suporte de vidro revestido com polilisina. No entanto, o potencial de miniaturização das dimensões da matriz dessas lâminas ainda não foi determinado.

6.3. Tecnologia de matrização

O fabrico de microarrays envolve a impressão e a fixação estável de sondas de ADN na matriz (Fig. 1). O formato das micromatrizes é compatível com muitas tecnologias de impressão avançadas, das quais as mais utilizadas são a fotolitografia, a micropontuação mecânica e a ejeção por jato de tinta. Cada tecnologia de fabrico tem vantagens e desvantagens (Schena *et al.*, 1998; Schena e Davis, 2000). As três tecnologias permitem o fabrico de microarrays com densidade suficiente para aplicações de deteção de mutações genéticas e de caraterização da expressão genética. As principais considerações na seleção de uma tecnologia de fabrico incluem a densidade e a conceção do microarray, a composição bioquímica e a versatilidade, a reprodutibilidade, a capacidade de alto rendimento e o custo. Devido à sua versatilidade, acessibilidade e vastas aplicações, é provável que a microfotografia se torne a tecnologia de impressão de eleição para o laboratório de investigação fundamental. Assim, a nossa discussão nesta secção centrar-se-á principalmente na tecnologia de microspotting.

6.3.1. Síntese dirigida pela luz

Na fotolitografia, os oligonucleótidos são sintetizados in situ numa superfície sólida num padrão espacial predefinido, utilizando uma combinação de métodos químicos e fotolitográficos emprestados da indústria de semicondutores (Fodor *et al.*, 1991; McGall e Fidanza, 2001) (Fig. 3). Resumidamente, um substrato de vidro ou de sílica fundida é modificado covalentemente com um reagente de silano para obter uma superfície com grupos amina reactivos, que são depois modificados com um grupo fotoprotector específico, nomeadamente o metilnitropoperoniloxicarbonilo

(MeNPOC).

Em seguida, as regiões específicas da superfície são activadas através da exposição à luz e é adicionada uma única base aos grupos hidroxilo destas regiões expostas da superfície utilizando um método normalizado de síntese de ADN fosforamídico. O processo de fotodeprotecção e adição de nucleótidos é repetido até se obterem as sequências desejadas. Normalmente, as sondas sintetizadas in situ nas matrizes têm 20-25 pb de comprimento. Uma vez que a eficiência média por etapas da síntese de oligonucleótidos varia entre 90-95%, a proporção das sequências de comprimento total para sondas de 20 mers é de aproximadamente 10%. No entanto, este facto deve ter um efeito relativamente menor no desempenho da hibridação de microarrays devido à elevada quantidade absoluta de sondas de comprimento total no suporte (McGall e Fidanza, 2001).

Outra abordagem emergente de síntese dirigida por luz para a construção de matrizes de oligonucleótidos de elevado rendimento é a utilização de um processador de luz digital (DLP), ou seja, um micromirror (Nuwaysir *et al.*, 2002). Esta tecnologia de sintetizador de matrizes sem máscara (MAS) utiliza DLP para criar máscaras "virtuais" que dirigem um feixe de luz ultravioleta para locais discretos num substrato de vidro para síntese de ADN. Semelhante à abordagem fotolitográfica da Affymetrix, a MAS é capaz de construir microarrays de alta densidade contendo qualquer sequência de nucleótidos desejada. Em contrapartida, a MAS não necessita de fotomáscaras, cujo fabrico é muito dispendioso e demorado. A tecnologia MAS torna a fotolitografia muito mais flexível e fácil de utilizar, embora ainda se encontre numa fase inicial de desenvolvimento (Nuwyasir *et al.*, 2002).

A síntese paralela fotolitográfica oferece uma abordagem muito eficiente para o fabrico de matrizes de alta densidade, em que a densidade máxima alcançável depende, em última análise, da resolução espacial do processo fotolitográfico. Devido a efeitos de repulsão estérica e/ou eletrostática, existe uma densidade de sonda óptima para um sinal de hibridação máximo. Os chips da Affymetrix contêm atualmente ~250.000 oligonucleótidos numa área de 1 cm2. Uma das principais vantagens desta abordagem é que podem ser construídos microarrays de densidade extremamente elevada (Ramsay, 1998), mas apenas podem ser utilizados oligonucleótidos na fotolitografia.

6.3.2. Impressão de contacto

A tecnologia de fabrico de microarranjos mais utilizada é a microspotting mecânica, que utiliza o contacto direto de múltiplos pinos, pinças ou capilares controlados por computador para depositar volumes de picolitros de reagentes bioquímicos pré-fabricados (por exemplo, oligonucleótidos, cDNA, ADN genómico, anticorpos ou pequenas moléculas) numa superfície sólida. Atualmente, podem ser depositadas mais de 1.000 moléculas individuais de cDNA numa área de 1 cm2 utilizando esta tecnologia (Rose, 2000). As vantagens do microspotting incluem a facilidade de implementação, o baixo custo e a versatilidade, ao passo que uma das principais desvantagens é o facto de cada amostra a ser colocada em matriz ter de ser preparada, purificada e armazenada antes do fabrico da matriz.

Além disso, a micropontuação raramente produz as densidades que podem ser alcançadas com a fotolitografia. As várias tecnologias de pinos para microspotting são descritas a seguir. Pinos sólidos. Os pinos sólidos têm pontas planas ou côncavas. Uma vez que estas pontas só podem acomodar um volume relativamente pequeno da amostra, só pode ser impressa uma micromatriz, geralmente com uma única carga de amostragem. Consequentemente, o processo global de impressão é lento, o que torna esta tecnologia adequada apenas para a construção de matrizes de baixa densidade. Além disso, a perda de amostra devido à evaporação é um problema significativo devido ao grande rácio superfície/volume de amostra dos pinos sólidos.

Em condições laboratoriais normais, cerca de metade de um volume de 250 pl perde-se em 1 s (Mace *et al.,* 2000). Para minimizar a perda por evaporação, é absolutamente necessário um ambiente altamente húmido. No entanto, a humidade elevada pode impedir que a amostra seque suficientemente na lâmina, resultando na migração ou espalhamento da amostra. Pinos de divisão. Os pinos de fenda têm uma ranhura fina na extremidade do pino para segurar a amostra. Quando o pino com fenda é mergulhado na solução de amostra, a amostra é carregada na fenda, que geralmente contém 0,2-1,0 ml de solução de amostra. Um pequeno volume de amostra (0,5-2,5 nl) é depositado na matriz microbiológica batendo com os pinos na superfície da lâmina com força suficiente (Rose, 2000) ou tocando levemente os pinos na superfície como um carimbo de tinta (Martinsky e Haje, 2000). A empresa TeleChem International fabrica um pino dividido através de controlo digital, de modo que praticamente não existem variações na qualidade mecânica de pino para pino (Martinsky e Haje, 2000). Assim, os pinos TeleChem proporcionam uma consistência de impressão muito elevada em condições de boa preparação da amostra, controlo de movimento adequado e substrato de impressão homogéneo. Uma vez que os pinos divididos contêm um volume de amostra maior do que os pinos sólidos, é possível imprimir mais do que um microarray a partir de um único evento de amostragem. Embora a tecnologia de pinos divididos tenha sido utilizada com êxito para imprimir microarrays, um dos inconvenientes é que o pó, as partículas, os cristais de tampão evaporados e/ou outros contaminantes podem obstruir a ranhura dos pinos. No entanto, não é recomendável bater com os pinos na superfície do substrato por várias razões (Martinsky e Haje, 2000). A batida física leva à transferência em massa da amostra dos pinos e, por conseguinte, provoca manchas não uniformemente grandes e a fusão de manchas. Além disso, a batida na superfície da lâmina pode levar à deformação da ponta do pino, provocando manchas maiores, formas irregulares das manchas, uma maior quantidade de deposição de amostras e uma má qualidade de impressão (Mace *et al.,* 2000). Além disso, a batida pode fraturar o revestimento da superfície e causar formas irregulares das manchas, como as formas de donut, em que o centro da mancha não tem material de sonda (Martinsky e Haje, 2000).

Pino e anel. Trata-se de uma variação do processo de impressão baseado em pinos. A amostra é colhida mergulhando o anel no poço de amostra e, em seguida, um pequeno volume de solução de amostra é depositado na superfície da lâmina, empurrando a amostra capturada no anel com pinos sólidos (Mace *etal.*, 2000). Podem ser selecionados anéis de diferentes tamanhos para conter 0,5-3,0 ml de amostra. Podem ser obtidos muitos pontos de diferentes dimensões utilizando simplesmente pinos de diferentes diâmetros. Além disso, a perda de amostra devido à evaporação é atenuada pela minimização da exposição do fluido através da configuração específica do anel.

A tecnologia de disposição em matriz de pinos e anéis oferece uma série de vantagens. Uma vez que o pino é utilizado apenas para a colocação e o fluido da amostra capturado pelo anel é relativamente grande, a deposição de amostras em lâminas diferentes é efectuada de forma idêntica para cada ciclo de impressão, produzindo uma qualidade de fabrico de microarrays consistente e reproduzível (Mace *et al.*, 2000). Além disso, a geometria do anel é capaz de lidar com uma grande variedade de volumes e viscosidades de fluidos. Ao contrário do pino dividido, a configuração de pino e anel não é suscetível de entupimento por acumulação de poeiras, partículas, fluidos de alta viscosidade, detritos, tampão ou sais e outros materiais. Finalmente, o pino e o anel podem depositar amostras em substratos moles, como ágar, géis e membranas. No entanto, uma desvantagem desta tecnologia é a perda de amostras. A maior parte das amostras capturadas pelo anel não pode ser utilizada para a coloração e perde-se através da lavagem para o ciclo de amostragem seguinte.

6.3.3. Impressão a jato de tinta sem contacto

As tecnologias de ejeção por jato de tinta proporcionam outro meio de fabrico de microarrays. Nesta abordagem, a amostra é retirada da placa de origem e uma gota de amostra é ejectada da cabeça de impressão para a superfície do substrato. Semelhante à microinjecção, a ejeção por jato de tinta permite a injeção de praticamente qualquer molécula biológica de interesse, incluindo cDNA, ADN genómico, anticorpos e pequenas moléculas. Em contraste com o microspotting, os jactos de tinta têm a vantagem de evitar o contacto direto com a superfície, mas não podem ser utilizados para fabricar microarrays tão densos como os preparados por fotolitografia ou por abordagens de microspotting.

Atualmente, são utilizados dois tipos de tecnologias de impressão a jato de tinta sem contacto, bombas piezoeléctricas e seringas-solenoide, para imprimir microarrays.

Bombas Piezoeléctricas. Esta tecnologia de impressão utiliza um cristal piezoelétrico, que entra em contacto com um capilar de vidro que contém o líquido de amostra (Englert, 2000; Mace *et al.*, 2000;

Rose, 2000) e está ainda nas primeiras fases de desenvolvimento. Quando o cristal é polarizado com uma tensão e subsequentemente deformado, o capilar é espremido e um pequeno volume (0,0510 nl) de líquido é ejectado através da ponta a partir do reservatório. A impressão piezoeléctrica tem as vantagens de uma taxa de distribuição extremamente rápida (da ordem de vários milhares de gotas por segundo), volumes de impressão muito pequenos e consistência do tamanho das gotas. O principal problema desta tecnologia é a obstrução por bolhas de ar e partículas, o que torna o sistema menos fiável em comparação com outros métodos de impressão. Além disso, o volume vazio da solução de amostra contida no capilar é muito grande (100-500 ml) e não é recuperável. Também é difícil mudar as amostras utilizando a impressão piezoeléctrica.

Tecnologia de impressão seringa-solenoide. Esta tecnologia utiliza uma bomba de seringa e uma válvula microssolenóide para a distribuição de amostras (Rose, 2000). A amostra é recolhida por uma seringa e as gotículas de amostra, com um volume de 4 a 100 nl, são ejectadas por pressão para a superfície através da válvula microssolenóide. As principais vantagens desta tecnologia são a fiabilidade e o baixo custo. No entanto, não é adequada para o fabrico de microarrays de alta densidade devido ao grande volume de impressão e ao tamanho do ponto.

6.4. Questões críticas para o fabrico de microarray

Esta secção destaca algumas questões práticas que são importantes para o fabrico de microarrays: densidade dos microarrays, reprodutibilidade, tempo de armazenamento, contaminação e qualidade de impressão.

6.4.1. Densidade de microarray

A densidade dos microarray é um dos parâmetros mais importantes para o fabrico de microarray. O número de elementos de ADN que podem ser depositados numa lâmina dependerá do tamanho do ponto e da configuração dos pinos. Tamanho do ponto. A densidade da matriz de microbiologia é determinada pelo tamanho do ponto de ADN e depende diretamente do volume de amostra depositado na superfície do substrato. O volume de amostra depositado por posição na matriz varia geralmente entre 50 e 500 pl, sendo possíveis os extremos superior e inferior de 10 pl e 10 nl, respetivamente (Mace *et al.,* 2000). Vários factores afectam o volume de amostra que pode ser aplicado à superfície de uma matriz, incluindo as propriedades da superfície (por exemplo, energia da superfície) das lâminas e dos pinos e as caraterísticas da solução da amostra (por exemplo, viscosidade). Para a impressão de microarrays de alta densidade, é preferível uma superfície de vidro hidrofóbica (por exemplo, lâmina modificada com aldeído), uma vez que as amostras hidrofílicas manchadas se espalharão menos numa superfície hidrofóbica do que numa hidrofílica. Uma vez que a área da superfície de contacto do alfinete determina o contacto inicial entre a amostra e a lâmina, a dimensão da mancha aumenta à medida que a área da superfície de contacto do alfinete aumenta. Além disso, a velocidade do pino tem um grande efeito no tamanho do ponto. O volume da amostra de carga para um pino dividido (por exemplo, pinos ChipMaker e Stealth da TeleChem) varia normalmente entre 0,2 e 0,6 ml. Assim, se os pinos baterem na superfície a alta velocidade (20 mm/s), um grande volume de amostra pode ser forçado a sair do pino e serão produzidas manchas grandes (Rose, 2000).

Configuração dos pinos. Os pinos de impressão são montados numa cabeça de impressão, que pode conter até 64 pinos. A distância entre pinos na cabeça de impressão é de 4,5 mm e corresponde exatamente ao espaçamento entre poços de uma placa de microtítulo de 384 poços. As amostras de ADN são primeiro retiradas das placas de origem de 96 ou 384 poços, mergulhando os pinos nos poços de amostra com um único pino ou com vários pinos e, em seguida, depositando a amostra na superfície da lâmina, tocando suavemente os pinos na superfície. O fabrico de matrizes utilizando um único pino é a abordagem mais simples, mas também é morosa.

A principal vantagem da impressão de pino único é o facto de as amostras de ADN nas placas de origem poderem ser posicionadas na matriz pela mesma ordem em que se encontram na placa de origem, facilitando assim o rastreio das amostras e a análise pós-hibridação. Outra vantagem é que as variações de pino para pino não são um problema quando se utiliza um único pino para a impressão de microarranjos. Utilizando um único pino e um espaçamento entre pontos de 250 mm, por exemplo, podem ser depositados mais de 20.000 pontos numa área de impressão de 22 £ 72 mm^2 . São geralmente utilizados pinos múltiplos para imprimir microarrays de alta densidade devido à maior velocidade de impressão, embora pinos diferentes possam causar variações na qualidade da matriz. Para imprimir com pinos múltiplos, os pinos são mergulhados em poços de amostra de uma placa de 384 poços e, em seguida, tocados na superfície da lâmina simultaneamente para criar pontos separados com um espaçamento de 4,5 mm na primeira ronda. As rondas posteriores de impressão são conseguidas através da colocação de pontos com uma distância de offset ponto a ponto predefinida a partir da localização anterior. Cada pino deposita amostras numa sub-grade. Uma vez que algumas áreas dentro de cada sub-grade podem não ser completamente preenchidas com pontos devido à restrição da disposição, a densidade dos microarrays diminui geralmente à medida que o número de pinos utilizados aumenta. A impressão de microarrays com vários pinos requer mais tempo para conceber a disposição da matriz, bem como um rastreio sofisticado das amostras e a deconvolução na fase de análise dos dados.

6.4.2. Reprodutibilidade

O fabrico de microarrays de qualidade reprodutível é da maior importância na experimentação baseada em microarrays. Para obter dados fiáveis e reprodutíveis, a uniformidade dos pontos individuais em toda a matriz é muito importante para simplificar a análise de imagens e aumentar a precisão da deteção de sinais. Vários factores podem afetar a uniformidade dos pontos, incluindo o substrato da matriz, os pinos, o tampão de impressão e os controlos ambientais. Como mencionado anteriormente, o tratamento não homogéneo da superfície provoca variações na quantidade de ADN ligado.

As variações na qualidade da matriz podem ser causadas por diferenças na geometria do pino, na idade do pino e nas soluções da amostra. O movimento do pino ao longo da superfície na direção XY pode provocar a dobragem da ponta (Rose, 2000). Bater com os pinos na superfície pode resultar na deformação das pontas dos pinos. Além disso, o arrastamento da ponta do pino pela superfície pode provocar o entupimento do canal de amostragem do pino. Por conseguinte, é necessário muito cuidado no manuseamento dos pinos, apesar de serem robustos. Os pinos devem ser limpos com um banho de ultra-sons após cada impressão (Rose, 2000).

As condições ambientais têm efeitos significativos na uniformidade e no tamanho das manchas (Hegde *et al.*, 2000). O controlo da humidade é absolutamente necessário para evitar a evaporação da amostra das placas de origem e do canal do pino durante o processo de impressão. A evaporação da amostra pode causar alterações na concentração e viscosidade do ADN. Reduzir a extensão da evaporação pode ajudar o pequeno volume de ADN a ter mais tempo para se ligar a taxas iguais em toda a mancha. Como resultado, obtêm-se manchas de ADN de elevada homogeneidade (Diehl *et al.*, 2001). Geralmente, a humidade relativa é controlada entre 65 e 75% (Rose, 2000). Pode ocorrer condensação se a humidade relativa for superior a 75%. A produção de manchas homogéneas nas matrizes depende também do tampão de impressão ou deposição. O citrato de sódio salino é normalmente utilizado como tampão de impressão na construção de microarrays; no entanto, a homogeneidade dos pontos e a eficiência da ligação com este tampão podem ser fracas. A adição de betaína 1,5 M ao tampão de impressão pode melhorar significativamente a homogeneidade dos pontos e a eficiência da ligação (Diehl *et al.*, 2001), porque a betaína aumenta a viscosidade de uma solução e reduz a taxa de evaporação. Também é possível obter manchas mais uniformes com um tampão de deposição que contenha 50% de dimetilsulfóxido (DMSO) (Hegde *et al.*, 2000; Wu *et al.*, 2001).

6.4.3. Tempo de armazenamento

Outra questão prática importante diz respeito ao prazo de validade dos microarrays não utilizados. Atualmente, desconhece-se o tempo máximo que os microarrays podem ser armazenados antes de serem utilizados. O tempo de conservação pode depender da química do revestimento da lâmina e das condições de armazenamento. Os microarrays não processados podem ser armazenados num dessecador durante muitos meses sem deterioração do desempenho (Worley *et al.*, 2000).

6.4.4. Contaminação

Para produzir microarrays de alta qualidade, a acumulação de poeiras e impurezas na superfície da lâmina tem de ser eliminada ou, pelo menos, minimizada durante o fabrico da matriz. O pó e as partículas podem depositar-se na superfície da lâmina e causar imprecisões na impressão, bem como uma má qualidade na visualização das imagens digitalizadas. A colocação do dispositivo da matriz numa câmara de humidade pode minimizar a contaminação por poeiras.

Uma vez que os pinos são geralmente reutilizados para depositar diferentes amostras biológicas, o transporte de amostras durante o processo de impressão é uma preocupação prática e pode complicar a interpretação dos resultados de hibridação. Por conseguinte, é necessária uma limpeza eficiente dos pinos para o processo de impressão. Geralmente, os pinos são limpos mergulhando-os em água destilada ou detergente e, em seguida, utilizando um vácuo para remover a solução de lavagem do canal do pino. A repetição deste processo três vezes é geralmente suficiente para eliminar os problemas de transporte de amostras. A contaminação cruzada durante a preparação e manuseamento das amostras é outra preocupação importante no processo de impressão de microarrays. Para fazer microarrays, os plasmídeos que contêm os clones de cDNA desejados são geralmente extraídos de culturas bacterianas e os genes desejados são amplificados a partir do ADN do plasmídeo. Estudos recentes mostraram que até 30% dos clones continham o cDNA errado (Knight, 2001). Este facto deve-se muito provavelmente à contaminação bacteriana e a erros de manuseamento durante a preparação das amostras. Por conseguinte, há que ter muito cuidado para eliminar ou minimizar esses erros. Os erros nas bases de dados de sequências públicas também são possíveis e podem levar a falhas na deteção baseada em microarranjos. Por exemplo, algumas sequências de ratinhos nas bases de dados públicas correspondem à vertente errada da dupla hélice do ADN. Em consequência, as sondas de oligonucleótidos concebidas não foram capazes de detetar os respectivos ARNm alvo (Knight, 2001).

6.4.5. Avaliação da qualidade da impressão

Após a impressão, é importante avaliar a qualidade das lâminas dispostas em matriz antes da hibridação em termos de qualidade da superfície, integridade e homogeneidade de cada ponto de ADN, quantidade de ADN depositado e consistência entre pontos replicados. A coloração antes da hibridação identificará quaisquer problemas introduzidos durante o processo de fabrico. Os microarrays podem ser corados com vários corantes fluorescentes, tais como PicoGreen, SYBR Green II e Topo Green (Battaglia *et al.,* 2000), seguidos de varrimento fluorescente. Esta informação é fundamental para avaliar a qualidade das matrizes impressas e os dados produzidos por essas matrizes.

Capítulo 7. Hibridação e deteção de microarray

7.1. Conceção e síntese de sondas

A conceção e a síntese de sondas são etapas críticas na produção de microarrays de elevada qualidade para a análise da expressão genética. São utilizados três tipos de sondas para o fabrico de microarranjos: Produtos de PCR, clones de cDNA e oligonucleótidos. Para a construção de microarrays de cDNA, podem ser amplificados quadros de leitura abertos (ORFs) individuais utilizando primers específicos do gene. Como a hibridização cruzada entre genes homólogos é um problema potencial, os genes de comprimento total não podem ser usados para a construção de microarranjos. Existem vários programas informáticos que podem identificar fragmentos de ADN específicos (,75% de identidade de sequência) para cada ORF, comparando o gene alvo com todos os outros genes de um genoma (Xu *et al.,* 2002).

Uma vez identificados os fragmentos específicos, é possível obter mais do que um conjunto de iniciadores com base nos fragmentos únicos identificados, utilizando o programa de conceção de iniciadores de PCR Primer 3 (Whitehead Institute). Os primers concebidos são geralmente sintetizados comercialmente. Os primers forward e reverse ideais são geralmente selecionados com base nas seguintes considerações. Em primeiro lugar, para genes com menos de 1000 pb, os fragmentos únicos amplificados por PCR devem ser tão longos quanto possível. Para genes com mais de 1000 pb, os fragmentos amplificados ideais devem situar-se entre 500 e 1200 pb. Em segundo lugar, cada iniciador de oligonucleótido deve ter 20-28 pb de comprimento e o conjunto de pares de iniciadores (normalmente armazenados em placas de 96 poços) deve ter uma temperatura de recozimento de aproximadamente 65 8C para simplificar a amplificação por PCR. Se não for possível obter a temperatura de recozimento desejada, pode ser utilizada uma temperatura de recozimento inferior. No caso de não ser possível identificar fragmentos específicos para alguns genes homólogos, serão selecionados fragmentos com uma identidade de sequência superior a 75% e podem ser concebidos iniciadores adequados com base nesses fragmentos. No entanto, os sinais de hibridação para estes genes devem ser cuidadosamente interpretados durante a análise dos dados do microarray. Um dos grandes problemas práticos da amplificação de sondas é o facto de os rendimentos dos produtos PCR variarem consideravelmente entre diferentes genes e de alguns iniciadores poderem não produzir produtos PCR.

Este facto pode causar uma variação significativa na concentração de ADN presente na superfície da lâmina. As sondas baseadas em clones de cADN derivam geralmente de genes inteiros ou de fragmentos de genes que são amplificados a partir de bibliotecas de clones utilizando iniciadores específicos do vetor. O tamanho das sondas de clones varia geralmente entre algumas centenas e alguns milhares de pares de bases. Em geral, uma vez que são utilizados primers específicos do vetor para amplificar as inserções clonadas, as sondas baseadas em clones não podem ser especificamente concebidas para regiões de baixa homologia com outros genes.

Como já foi referido, uma parte substancial dos clones pode conter o cDNA errado devido a contaminação bacteriana e manuseamento incorreto (Knight, 2001).

As sondas de oligonucleótidos são diferentes de outras sondas, na medida em que podem ser depositadas por impressão ou sintetizadas in situ numa superfície sólida. As sondas de oligonucleótidos específicas podem ser concebidas com base em sequências de genes. Em geral, as dimensões das sondas de oligonucleótidos são inferiores a 25 pb, sendo utilizadas várias sondas de oligonucleótidos diferentes por gene para microarrays de oligonucleótidos de alta densidade. Para discriminar os erros de preparação, uma sonda é concebida deliberadamente para ter um único erro de correspondência na posição central (Lockhart *et al.*, 1996; Warrington *et al.*, 2000). Recentemente, foram avaliados a utilidade e o desempenho de microarrays de oligonucleótidos com sondas de oligonucleótidos de 50 a 70 mers (Kane *et al.*, 2000). Os resultados indicam que esses microarrays de oligonucleótidos podem ser utilizados como um instrumento específico e sensível para monitorizar a expressão genética.

7.2. Rotulagem de alvos e qualidade

A marcação do alvo é outra etapa crítica para o êxito da experimentação baseada em microarray. Os métodos disponíveis para a marcação de ácidos nucleicos para hibridação em microarray podem ser classificados em duas categorias: marcação direta e indireta.

7.2.1. Rotulagem direta

Na marcação direta, os marcadores fluorescentes são diretamente incorporados na mistura de ácidos nucleicos alvo antes da hibridação por síntese enzimática na presença de nucleótidos marcados (por exemplo, Cy3- ou Cy5-dCTP) ou de iniciadores de PCR (Fig. 4A). O método mais vulgarmente utilizado consiste em marcar o ARNm alvo ou o ARN celular total utilizando a transcriptase reversa. Numa reação de transcrição reversa de primeira cadeia, são sintetizadas cópias de ARNc marcadas com fluorescência através da incorporação de um análogo de nucleótido marcado com fluoresceína.

Os hexâmeros aleatórios, os oligo(dT) ou os iniciadores específicos dos genes podem servir de iniciadores para o início da transcrição reversa. Uma vez que o ARNm procariótico não tem cauda poli-(A), utilizam-se geralmente hexâmeros aleatórios para a transcrição reversa. Neste caso, o ARN celular total é utilizado como modelo para a síntese do ADNc, pelo que pode ocorrer um maior grau de intensidade de fluorescência de fundo. Embora os iniciadores específicos dos genes possam reduzir esses níveis de fundo através da cópia de fragmentos específicos dos genes, é necessária a transcrição reversa com centenas ou milhares de iniciadores.

Uma variação da abordagem de marcação direta consiste em amplificar o ARNm até 1,00010,000 vezes pela polimerase T7 para obter ARNm anti-sentido (ARNa) e, em seguida, o ARNa é transcrito de forma inversa para obter ADNc marcado (Salunga *et al.*, 1999). Uma das vantagens do método de amplificação baseado na polimerase T7 em relação a outros métodos de amplificação é o facto de todos os ARNm serem amplificados de forma quase igual, porque a amplificação com a polimerase T7 é um processo linear. Outra vantagem é o facto de o ARNm poder ser facilmente marcado com a transcriptase reversa, que incorpora marcas fluorescentes muito mais facilmente do que a ADN polimerase.

Um dos problemas da abordagem de marcação baseada na transcriptase reversa é o facto de os nucleótidos marcados com corantes fluorescentes estruturalmente diferentes serem incorporados de forma diferenciada e não uniforme no cDNA. Para resolver este problema, foi proposta uma abordagem em duas fases. O sistema FairPlaye desenvolvido pela Stratagene Corporation utiliza um método de acoplamento químico em duas fases para marcar fluorescentemente o cADN. Em primeiro lugar, um amino-alil-dNTP é incorporado de forma uniforme e eficiente no cADN pela transcriptase reversa (Fig. 4B), porque o amino-alil-dNTP não apresenta impedimentos estéricos. Em seguida, uma cianina reactiva à amina é quimicamente acoplada ao cADN modificado com aminoácidos. A principal vantagem desta abordagem é o facto de este sistema produzir eficazmente cADN uniformemente marcado sem qualquer polarização do corante. Consequentemente, este sistema é altamente sensível (aumento de 5 vezes na sensibilidade), requer menos ARN e permite a deteção de genes de baixa abundância. Qualquer enviesamento de marcação resultante da incorporação de corante fluorescente também parece ser negligenciável, pelo que não é necessária a abordagem experimental de marcação dupla.

7.2.2. Rotulagem indireta

Na abordagem de marcação indireta, a fluorescência é introduzida no procedimento de deteção após a hibridação. Resumidamente, os epítopos são incorporados nas amostras alvo durante a síntese de cDNA. Após a hibridação com as amostras-alvo marcadas com epítopos, o microarray é incubado com uma proteína marcada com fluorescência que se liga aos epítopos. O método mais comum de marcação indireta utiliza um epítopo de biotina e um conjugado fluorescente de estreptavidina-ficoeritrina (Warrington *et al.*, 2000). Os nucleótidos biotinilados são incorporados no cDNA por transcrição reversa e hibridizados com os microarrays. Após a hibridação, a matriz é corada com um conjugado de estreptavidina-ficoeritrina, que se liga aos marcadores de biotina e emite luz fluorescente quando excitado com um laser.

Outra abordagem de marcação indireta é conhecida como amplificação do sinal de tiramida (TSA) (Adler *et al.*, 2000). Esta abordagem utiliza epítopos de biotina e dinitrofenol (DNP), bem como conjugados de estreptavidina e anticorpos ligados à peroxidase de rábano (HRP). Na presença de peróxido de hidrogénio, a HRP catalisa a deposição de compostos de tiramida Cy3 ou Cy5 na superfície da micromatriz. Por este método, um análogo DNP ou biotina-dCTP é primeiro incorporado no cDNA e, em seguida, o cDNA marcado com epítopo é hibridizado com a matriz.

Após a hibridação, o microarray é incubado com anti-DNP-HRP e a tiramida Cy3 é depositada na superfície do microarray, seguida de incubação com estreptavidina HRP e deposição de tiramida Cy5 (Adler *et al.*, 2000). A principal vantagem desta abordagem é que pode proporcionar uma amplificação do sinal 10 a 100 vezes superior à abordagem de marcação direta. Assim, esta abordagem pode ser utilizada eficazmente para monitorizar a expressão ou o nível de abundância de transcrições raras ou para analisar amostras preparadas a partir de um pequeno número de células. A principal desvantagem deste método é o facto de ser geralmente menos preciso para a análise comparativa, devido a variações decorrentes de diferenças nas eficiências de marcação e nas afinidades de ligação às proteínas (Schena e Davis, 2000). Além disso, a intensidade do sinal é apenas semi-quantitativa devido ao envolvimento da amplificação enzimática do sinal (Alder *et al.*, 2000).

A terceira abordagem indireta consiste em utilizar a tecnologia dos dendrímeros de ADN (Stears *et al.*, 2000) (Fig. 4C). Os dendrímeros são complexos esféricos estáveis de oligonucleótidos parcialmente de cadeia dupla com um determinado número de extremidades livres, que são marcados com corantes fluorescentes, Cy3 ou Cy5. Nesta tecnologia, o cDNA é primeiro sintetizado por transcriptase reversa com iniciadores que contêm sequências de captura específicas que podem ligar os dendrímeros marcados com Cy3 ou Cy5 através da complementaridade das sequências. Os cDNAs sintetizados são então hibridizados em microarrays, e os cDNAs ligados nos microarrays são detectados por incubação dos arrays com os dendrímeros marcados com corante fluorescente. A abordagem de deteção de dendrímeros é altamente sensível, exigindo até 16 vezes menos ARN para a síntese da sonda. Uma vez que o corante fluorescente está ligado à extremidade livre dos dendrímeros, a intensidade do sinal é independente do tamanho e da composição da sonda. Além disso, este sistema de deteção tem um elevado rácio sinal-fundo e pode ser utilizado para a deteção de múltiplos canais num único microarray.

7.3. Hibridação

Após o fabrico das micromatrizes, a questão mais importante na análise baseada em micromatrizes é a hibridação sonda-alvo. Conceptualmente, a hibridação e deteção de microarrays são bastante semelhantes à hibridação tradicional baseada em membranas (Eisen e Brown, 1999). Antes da hibridação, os grupos funcionais livres (por exemplo, amina) na lâmina devem ser bloqueados ou inactivados para eliminar a ligação inespecífica, que provoca um elevado nível de fundo e a depleção das sondas. Qualquer ADN não ligado nas lâminas pode ser lavado durante o processo de pré-hibridação. A remoção do ADN não ligado na pré-hibridação é importante, porque qualquer ADN que seja lavado da superfície durante a hibridação compete com o ADN ligado à lâmina. Uma vez que a taxa de hibridação em solução é muito mais rápida do que em superfícies, a presença de ADN de sonda não ligado pode levar a uma diminuição drástica dos sinais medidos obtidos a partir de microarrays.

Após a pré-hibridação, o microarray é hibridado com ADN ou ARN alvo marcado com fluorescência durante um determinado período de tempo. A lavagem pós-hibridação remove então o material marcado não ligado. Independentemente do formato de hibridação, a solução de hibridação deve ser bem misturada para que os alvos marcados sejam distribuídos uniformemente pela superfície da matriz, de modo a obter o número máximo de interações alvo-sonda ideais. Além disso, as soluções de lavagem devem ser distribuídas uniformemente para eliminar as sondas não ligadas, remover a hibridação não específica e minimizar o sinal de fundo.

7.4. Deteção

Tanto o microscópio de varrimento confocal como a câmara com dispositivo de carga acoplada (CCD) têm sido utilizados com êxito para a deteção de sinais de hibridação de microarrays, estando disponíveis comercialmente muitos desses dispositivos (Hegde *et al.,* 2000). Embora os sistemas de microscópio confocal de varrimento e de câmara CCD tenham vantagens e desvantagens (como se descreve a seguir), o primeiro é utilizado com mais frequência.

Em geral, um scanner confocal utiliza a excitação por laser de uma pequena região da lâmina de vidro (~100 mm2) e toda a imagem da matriz é adquirida movendo a lâmina de vidro, a lente confocal, ou ambas, através da lâmina em duas direcções (Schermer, 1999). A fluorescência emitida pela molécula alvo hibridizada é recolhida com uma lente objetiva e convertida num sinal elétrico com um fotomultiplicador (PMT) ou um detetor equivalente. Os principais inconvenientes da utilização de um microscópio de varrimento confocal para a deteção de sinais são o facto de cada comprimento de onda de excitação ter de ter o seu próprio laser, o que pode ser dispendioso, e o facto de o dispositivo ser muito sensível a qualquer não uniformidade da superfície da lâmina de vidro. A câmara CCD explora muitos dos mesmos princípios que um scanner confocal, mas utiliza tecnologias de excitação e deteção substancialmente diferentes (Schermer, 1999). Os sistemas CCD utilizam normalmente tecnologia de lâmpadas de xénon de banda larga e filtragem espetral (Basarsky *et al.,* 2000). A principal vantagem dos sistemas de imagiologia baseados em câmaras CCD é o facto de permitirem a aquisição simultânea de imagens relativamente grandes de uma lâmina (1 cm2) e, por conseguinte, não necessitarem de plataformas e ópticas móveis, o que reduz o custo e simplifica a conceção do instrumento.

No entanto, uma vez que a câmara CCD não movimenta a ótica nem as fases, é necessário captar várias imagens de diferentes campos da matriz de microarranjos e depois juntá-las para representar toda a informação na lâmina. Uma vez que as fluoresceínas mais utilizadas têm uma pequena diferença entre os máximos de excitação e de emissão, é difícil separar eficazmente a luz de excitação e de emissão no processo de filtração espetral.

7.5. Questões críticas em hibridação e deteção

Esta secção destaca algumas questões práticas importantes relacionadas com a hibridação e a deteção de microarrays, nomeadamente, a retenção da sonda e a hibridação quantitativa, a marcação e a disponibilidade do alvo, a resolução espacial e o cross-talk e os parâmetros de fotobranqueamento e de varrimento.

7.5.1. Retenção de ADN da sonda e hibridação quantitativa

Na hibridação em solução, a intensidade do sinal depende das concentrações de ADN alvo e de sonda. Nos estudos de perfis de expressão genética, parte-se do princípio de que as concentrações de todos os ADN sonda depositados nos microarrays são muito superiores às concentrações de ARNm nas amostras alvo marcadas com fluorescência, pelo que a intensidade do sinal depende exclusivamente da concentração de ARNm nas amostras alvo. Por conseguinte, muitos factores que causam variações na deposição da sonda terão efeitos negligenciáveis na intensidade do sinal de hibridação.

Para a quantificação exacta da expressão genética, é essencial garantir que as sondas de ADN dispostas em matriz estejam em excesso em relação aos cADNs alvo marcados. Em geral, utiliza-se uma concentração de ADN de 100-200 ng/ml para a marcação, o que corresponde a 100-200 pg/spot para uma deposição de 1 nl. A retenção é de cerca de 20-30% em superfícies de vidro silanizado (Worley *et al.*, 2000). Assim, após fervura e hibridação, isto corresponde a aproximadamente 20-60 pg de ADN de cadeia dupla presente em cada ponto para ligação. Os estudos indicam que o ADN agrupado parece estar em excesso para todos os genes codificadores de proteínas em Escherichia coli (Worley *et al.*, 2000). No entanto, a retenção do ADN da sonda depende da superfície da lâmina, da química do revestimento, do pós-processamento, da hibridação e das condições de lavagem. Por conseguinte, para garantir resultados quantitativos exactos para genes altamente expressos, é importante compreender a quantidade de ADN detectado que pode ser efetivamente retida após a hibridação.

O facto de a concentração de ADN da sonda representada no substrato da matriz estar em excesso depende obviamente da quantidade de amostra-alvo utilizada. Normalmente, são utilizados 10-20 mg de ARN celular total para monitorizar a expressão genética em procariotas. No entanto, para monitorizar transcrições raras, são geralmente utilizadas concentrações de ARN mais elevadas (por exemplo, 50 mg). Neste caso, as sondas correspondentes a transcrições abundantes podem não estar em excesso relativamente às amostras alvo, resultando numa hibridação que não é quantitativa. Por conseguinte, é importante selecionar a quantidade adequada de ARN para garantir que o sinal do microarray se encontra dentro da gama de resposta linear do sistema utilizado.

7.5.2. Rotulagem e disponibilidade dos alvos

A integridade e a pureza do ARN são cruciais para a obtenção de resultados de hibridação de microarray de elevada qualidade. As impurezas nas preparações de ARN podem ter um efeito adverso tanto na eficiência da marcação como na estabilidade dos corantes fluorescentes. Assim, o ARN deve estar isento de contaminantes, como polissacáridos, proteínas e ADN. Estão disponíveis muitos kits comerciais de purificação de ARN para produzir ARN com pureza suficiente para estudos de microarray. Além disso, os nucleótidos não incorporados presentes na reação de marcação devem ser removidos para reduzir o ruído de fundo. Por último, tanto o Cy3 como o Cy5 são sensíveis à luz, pelo que é necessário ter muito cuidado para minimizar a exposição à luz durante a marcação, a hibridação, a lavagem e o varrimento.

O problema experimental mais frequentemente encontrado é a variação do sinal de hibridação entre reacções de marcação. Em muitos casos, os fracos sinais de hibridação resultam de uma fraca incorporação do corante. Uma incorporação muito baixa de corante (,1 molécula de corante/100 nucleótidos) produz intensidades de sinal de hibridação inaceitavelmente baixas. No entanto, os estudos demonstraram que uma incorporação muito elevada de corante (por exemplo, 0,1 moléculas de corante/20 nucleótidos) também não é desejável, porque uma incorporação elevada de corante desestabiliza significativamente o duplex de hibridação (Worley *et al.*, 2000). Assim, é importante medir a eficiência da incorporação do corante antes da hibridação. A atividade específica da incorporação do corante pode ser determinada medindo a absorvância nos comprimentos de onda de 260 e 550 nm para o Cy3 ou 650 nm para o Cy5. Uma reação de marcação adequada deve ter uma relação 8-15 A260/A550 para o Cy3 e 10-20 A260/A650 para o Cy5.

Outro problema com que nos deparamos habitualmente é a qualidade dos corantes fluorescentes. A eficiência da marcação e a hibridação variam por vezes significativamente de lote para lote, especialmente no caso do Cy5. Os reagentes frescos são muito importantes para alcançar um elevado grau de sensibilidade de deteção (Wu *et al.*, 2001). A hibridação de microarrays é geralmente efectuada na ausência de mistura. Uma vez que o coeficiente de difusão é muito pequeno para moléculas de ADN alvo marcadas de grandes dimensões, a sonda em cada ponto da matriz está, de facto, a hibridizar com a sua contraparte marcada do seu ambiente local imediato ou quase imediato (Worley *et al.*, 2000). Assim, a solução-alvo deve ser bem misturada e uniformemente distribuída pela área de superfície do microarray. Caso contrário, a disponibilidade das moléculas-alvo marcadas para os pontos da matriz pode ser significativamente diferente ao longo da superfície da matriz. Em consequência, podem ser observadas diferenças significativas na intensidade do sinal.

7.5.3. Resolução espacial e interação

A resolução espacial dos sistemas de deteção de microarrays é normalmente expressa em tamanho de pixel, o "bin" físico em que um único dado é adquirido. A resolução espacial de muitos sistemas comerciais varia normalmente entre 5 e 20 mm. A seleção da resolução espacial depende da dimensão do ponto e, em geral, a dimensão do pixel deve ser inferior a 1/10 do diâmetro do ponto mais pequeno da matriz. Por exemplo, os microarrays com pontos de 100 mm requerem detectores fluorescentes com uma resolução espacial de 10 mm de píxeis.

A interferência refere-se ao fenómeno em que um sinal de emissão de um canal é detectado noutro canal, resultando numa leitura de fluorescência elevada e errada. O cross-talk é mais provável do canal de comprimento de onda mais curto para o canal de comprimento de onda mais longo. Por exemplo, a intensidade de fluorescência do canal Cy3 pode contaminar o canal Cy5, mas não vice-versa. O "cross-talk" é o problema potencial mais comum na abordagem de varrimento simultâneo, que adquire imagens de dois canais ao mesmo tempo (Basarsky *et al.*, 2000). Para experiências de expressão genética, o "cross-talk" deve ser mantido a menos de 0,1%. A forma mais comum e económica de minimizar o "cross-talk" é utilizar filtros de emissão que rejeitam a luz fora dos comprimentos de onda desejados. O "cross-talk" também pode ser grandemente minimizado selecionando corantes fluorescentes e lasers com diferenças suficientes no comprimento de onda (Schermer, 1999).

7.5.4. Parâmetros de fotobranqueamento e de varrimento

A luz é emitida por um corante fluorescente quando este é iluminado por uma fonte de luz. Em geral, a fluorescência emitida é diretamente proporcional à potência da luz de excitação. Por conseguinte, para aumentar a sensibilidade da deteção, é preferível uma maior potência da luz de excitação. No entanto, se a luz de excitação for excessiva, os fotões recebidos podem danificar os corantes e reduzir os sinais fluorescentes durante os exames sucessivos, levando à fotoliquidação da intensidade do sinal. A fotoliquidação depende da duração da iluminação da amostra. Fontes de luz mais potentes e/ou um tempo de exposição ao laser mais longo podem resultar numa fotoliquidação significativa.

Ao adquirir uma imagem de matriz, é melhor manter a fotobranqueamento a menos de 1% por varrimento. Os diferentes corantes têm diferenças consideráveis nas suas fotoestabilidades. Por exemplo, o Cy5 é mais sensível à fotodegradação do que o Cy3. As diferenças de fotoestabilidade entre os diferentes corantes podem constituir um problema significativo quando são utilizados vários corantes numa experiência, uma vez que os rácios medidos podem conduzir a erros quantitativos significativos. Para minimizar a fotodegradação, o canal Cy5 é sempre analisado em primeiro lugar, seguido do canal Cy3. Embora o Cy3 (0,15, sem unidade) tenha um rendimento quântico inferior ao do Cy5 (0,28), o Cy3 é incorporado de forma mais eficiente no cDNA durante a transcrição reversa.

Estas caraterísticas do corante podem causar variações na intensidade do sinal obtido em experiências de marcação inversa. O sinal deve ser equilibrado durante o varrimento, utilizando uma regulação mais elevada do PMT para o corante com o sinal mais fraco, de modo a permitir a deteção de mais manchas de baixa intensidade de sinal.

7.6. Processamento de imagens de microarray

7.6.1. Aquisição de dados

O objetivo fundamental do processamento de imagens é medir a intensidade do sinal dos pontos da matriz e, em seguida, quantificar os níveis de expressão genética com base nas intensidades de sinal adquiridas para cada ponto. Por conseguinte, os pontos na imagem da matriz têm de ser corretamente identificados. Os pontos nos microarrays estão dispostos em grelhas. Uma imagem de microarrays ideal para uma deteção fácil dos pontos deve ter as seguintes propriedades: (i) a localização dos pontos deve estar centrada nas intersecções entre as linhas de linha e de coluna; (ii) o tamanho e a forma dos pontos devem ser circulares e homogéneos; (iii) a localização das grelhas nas imagens deve ser fixa; (iv) as lâminas não devem ter pó ou outros contaminantes; e (v) a intensidade de fundo deve ser muito baixa e uniforme em toda a imagem. Na prática, porém, é difícil obter imagens ideais. Em primeiro lugar, a variação da posição do ponto ocorre devido a limitações mecânicas no processo de estratificação, incluindo imprecisões nos sistemas robóticos, no aparelho de impressão e na plataforma para segurar as lâminas. Em segundo lugar, a forma e o tamanho dos pontos podem variar consideravelmente ao longo da matriz devido a variações no tamanho das gotículas da solução de ADN, na concentração de ADN e de sal na solução de impressão e nas propriedades da superfície da lâmina. Além disso, a contaminação por poeiras transportadas pelo ar e por impurezas na superfície da lâmina constitui um problema importante para o processamento das imagens da matriz. Para obter medições exactas dos sinais de hibridação, todos estes problemas potenciais devem ser tidos em consideração.

Existem muitos métodos disponíveis para resolver erros de localização de manchas, irregularidades no tamanho e na forma das manchas e problemas de contaminação (Zhou *et al.,* 2000), a fim de estimar com exatidão as intensidades das manchas. O software comercial e gratuito, incluindo o ImaGenee da BioDiscovery (Los Angeles, CA), o QuantArraye da GSI Lumonics e o software dos sistemas Axon GenePixe (Bassett Jr. *et al.,* 1999), pode ser utilizado para o processamento de imagens de microarray. Normalmente, um padrão de grelha definido pelo utilizador é sobreposto à imagem e as áreas definidas por padrões de círculos são utilizadas para a quantificação da intensidade dos pontos.

Os dados são extraídos e geralmente expressos como o total (a soma dos valores de intensidade de todos os pixéis na região do sinal), a média (a intensidade média dos pixéis) e a mediana (a intensidade do sinal do pixel mediano). A saída do microarray correspondente à intensidade total não é a melhor medida do sinal de hibridação, porque é particularmente sensível a variações na quantidade de ADN depositado na superfície e à presença de contaminação (Zhou *et al.*, 2000).

A média é provavelmente a melhor medida quando se utiliza um sistema avançado de processamento de imagem que permite a segmentação exacta dos pixels contaminados, porque a medida média reduz as variações causadas pelas diferenças na quantidade de ADN depositado numa mancha. No entanto, a medida média é vulnerável a valores anómalos (Petrov *et al.*, 2002). A mediana é uma escolha melhor do que a média se o software de processamento de imagem não for suficientemente bom para identificar corretamente o sinal, o fundo e os pixels contaminados. O valor mediano da intensidade é muito estável e está próximo da média se o perfil de distribuição dos pixéis for uni-modal. A mediana é igual à média quando a distribuição é simétrica.

Uma alternativa à medição da mediana é a utilização de uma média aparada (a média da intensidade do pixel após a remoção de uma determinada percentagem de pixéis de ambas as caudas da distribuição). Alguns estudos comparativos indicam que a escolha das medidas depende das técnicas de segmentação utilizadas. A média é a melhor medida se forem utilizadas as técnicas de segmentação combinadas e aparadas, enquanto a mediana é a melhor sem aparar (Petrov *et al.*, 2002).

7.6.2. Avaliação da qualidade dos pontos e subtração de fundo

Para alguns pontos, os dados de intensidade de sinal podem não ser fiáveis devido à elevada variação inerente associada ao fabrico da matriz, à hibridação e ao processamento de imagens. Assim, o primeiro passo no processamento de dados consiste em avaliar a qualidade dos pontos, com a remoção ou filtragem de pontos fracos não fiáveis ou de pontos aberrantes (outliers) antes da análise dos dados (Heyer *et al.*, 1999; Tseng *et al.*, 2001). É fundamental identificar as lâminas problemáticas, porque sem avaliar a qualidade dos sinais das manchas, as conclusões retiradas da análise desses dados podem ser enganadoras.

7.6.3. Identificação de lâminas de má qualidade

Devido às múltiplas etapas envolvidas nas experiências de microarray, é importante avaliar as lâminas das matrizes como um todo e eliminar os sinais de hibridação não fiáveis antes de proceder a uma análise rigorosa dos dados. Podem ser utilizadas duas medidas para avaliar a qualidade global da lâmina se existirem pontos replicados nas matrizes (Worley *et al.*, 2000): pode calcular-se (i) o coeficiente médio de variação (CV) das réplicas nos pares de pontos e (ii) o valor r 2 da linha de regressão de um gráfico de dispersão de pontos duplicados. Embora não exista um consenso geral sobre o valor limite adequado para rejeitar lâminas, estas são geralmente aceites se o CV médio for inferior a 50%. Se não existirem pontos duplicados nos microarrays, a qualidade da lâmina pode ser avaliada determinando o número de pontos que são de má qualidade. Geralmente, as experiências de microarray devem ser repetidas se mais de 30% dos pontos do microarray forem assinalados como pontos de má qualidade.

7.6.4. Identificação de pontos de má qualidade

Não existem regras rigorosamente definidas para a identificação de manchas pobres numa perspetiva biológica ou estatística. A qualidade e a integridade da mancha são geralmente avaliadas com base nos seguintes critérios Tamanho e forma da mancha. As manchas com diâmetros excessivamente grandes ou pequenos em comparação com a maioria das manchas devem ser rejeitadas. A eliminação destas manchas de baixa qualidade melhora significativamente a fiabilidade dos dados (Zhou *et al.*, 2000).

Homogeneidade da mancha. A distribuição dos pixels dentro das manchas pode ser utilizada para avaliar a homogeneidade das manchas. Geralmente, as manchas com menos de uma determinada percentagem (por exemplo, 55-60%) de todos os pixels com intensidades superiores à média das intensidades de fundo (Khodursky *et al.*, 2000) ou um desvio padrão (SD) acima do fundo local são assinaladas como manchas de má qualidade (Murray *et al.*, 2001).

Intensidade dos pontos. As manchas com sinais não significativamente acima do fundo devem ser identificadas utilizando vários padrões. Por exemplo, as manchas com sinais medianos ou médios inferiores a um a três DPs acima do fundo em ambos os canais (Chen *et al.*, 1997; Basarsky *et al.*, 2000; Hegde *et al.*, 2000) são assinaladas como manchas de má qualidade.

Além disso, as manchas cujo sinal não seja pelo menos 2,5 vezes superior ao sinal de fundo em ambos os canais são excluídas (Evertsz *et al.*, 2000). Uma outra forma de definir manchas pobres baseia-se no rácio sinal-ruído (SNR), que é frequentemente definido como o rácio da diferença entre o sinal e o fundo dividido pelo SD da intensidade do fundo (Verdnik *et al.*, 2002). Este rácio indica até que ponto é possível distinguir um sinal verdadeiro dos ruídos instrumentais. Um critério comummente utilizado para o sinal mínimo que pode ser determinado com precisão é um valor de SNR igual a 3. Abaixo desse valor, o sinal não pode ser quantificado com precisão e essas manchas são tratadas como manchas fracas. O software disponível no mercado, ImaGene da Biodiscovery, pode assinalar automaticamente as manchas de má qualidade. As manchas identificadas como de má qualidade não são incluídas na análise dos dados. Embora os critérios de definição de manchas de má qualidade se baseiem em limiares subjectivos e não em testes estatisticamente sólidos, têm em conta os principais factores que afectam a qualidade dos dados e são provavelmente muito eficazes na redução da quantidade de ruído.

7.6.5. Remoção de manchas periféricas

Os valores anómalos representam valores extremos numa distribuição de réplicas. As manchas anómalas podem ser causadas por artefactos de imagem não corrigidos, como poeiras, ou por factores não detectáveis pela análise de imagem, como a hibridação cruzada. Os pontos anómalos afectam significativamente a estimativa dos valores de expressão e os erros aleatórios associados. Assim, a remoção de pontos anómalos é um passo importante na filtragem de dados. No entanto, distinguir os outliers dos genes diferencialmente expressos é um grande desafio, porque não existe uma definição geral que descreva os outliers. Nesta secção, descrevemos brevemente vários métodos habitualmente utilizados para identificar os valores anómalos. Limiar de corte simples. Um gene cujo CV é superior a um determinado limiar (Murray *et al.*, 2001), por exemplo, 30-50%, é excluído da análise dos dados. Limiar de corte dependente da intensidade por procedimento de janelamento. (Tseng *et al.*, 2001). Os valores CV para genes individuais são representados em relação à intensidade média do sinal dos dois canais [(Cy3 þ Cy5)/2]. Para cada gene, é construído um subconjunto de janelas selecionando um determinado número de genes (por exemplo, 50) cujas intensidades médias estão mais próximas desse gene. Se o CV deste gene estiver dentro de uma determinada percentagem (por exemplo, 10%) entre os genes do seu subconjunto de janelas, os dados relativos a este gene são considerados não fiáveis e, por conseguinte, todos os dados replicados para este gene são descartados. No entanto, em muitos casos, nem todos os dados de réplicas de pontos para este gene não são fiáveis. Para recuperar alguma informação relativa a este gene, podem ser eliminados os pontos mais discrepantes e recalculado o CV dos rácios de intensidade dos restantes pontos correspondentes a este gene. Se o CV for significativamente reduzido para um nível inferior ao limiar, os dados relativos aos restantes pontos podem ser utilizados em análises subsequentes. O CV também pode ser utilizado para avaliar a qualidade de diferentes lâminas e diferentes experiências (Tseng *et al.*, 2001).

Remoção de valores anómalos com o procedimento jackknife. A correlação jackknife pode ser utilizada para remover os valores anómalos dos dados de expressão obtidos em experiências de microarray de séries temporais (Heyer *et al.*, 1999). Nesta abordagem estatística, o coeficiente de correlação é calculado para cada par de genes utilizando todos os pontos de dados da série temporal. Em seguida, os dados de um ponto temporal são eliminados e o coeficiente de correlação é recalculado, respetivamente, para cada par de genes com todos os pontos de dados da série temporal, exceto um. A correlação jackknife é o coeficiente de correlação mínimo obtido acima e pode então ser utilizada para uma análise de agrupamento posterior.

A correlação Jackknife é robusta e insensível a valores anómalos isolados. A aplicação da correlação jackknife reduz os falsos positivos, ao mesmo tempo que capta a forma de um padrão de expressão. Hyer et al. (1999) demonstraram que os genes que apresentavam padrões de expressão semelhantes tinham geralmente uma correlação jackknife de 0,7 ou superior. Identificação de valores anómalos com base em métodos de erro agrupados. São utilizados vários métodos para a deteção estatística de valores anómalos, mas estes são geralmente menos adequados para estudos típicos de microarray devido ao pequeno número de réplicas (Nadon *et al.*, 2001). A estimativa do erro aleatório para cada gene com base num pequeno número de réplicas é imprecisa, o que torna os testes estatísticos pouco sensíveis. Como resultado, muitos pontos de réplica podem ser falsamente identificados como anómalos ou muitos anómalos verdadeiros podem não ser identificados (Nadon e Shoemaker, 2002). A potencial violação do pressuposto da normalidade torna menos fiáveis as inferências sobre os valores aberrantes e a expressão diferencial dos genes (Nadon *et al.*, 2001).

O método de erro agrupado pressupõe que todas as sondas ou sondas de intensidades semelhantes num estudo específico têm o mesmo erro aleatório verdadeiro. As estimativas de variância podem, por conseguinte, ser agrupadas em muitos genes e a precisão da estimativa de erro pode ser muito melhorada. Além disso, parte-se do princípio de que os resíduos padronizados têm uma distribuição normal se o modelo de erro agrupado estiver correto. De acordo com estes pressupostos, a existência de outliers fará com que a distribuição de todo o conjunto de dados se desvie da normal. A remoção de pontos com resíduos grandes melhorará a normalidade de todo o conjunto de dados. Geralmente, os valores atípicos são identificados de forma iterativa: os pontos com grandes resíduos absolutos são removidos do conjunto de dados; os dados são examinados quanto à normalidade e os resíduos são novamente calculados. O processo é iterado até que as assíntotas do índice se aproximem de um valor estável, o que indica que a remoção adicional de valores de dados não melhoraria a normalidade da distribuição do conjunto de dados restante. Está disponível software (ArrayState) para facilitar a análise estatística baseada em matrizes (Nadon *et al.*, 2001). Neste pacote de software, os valores anómalos são detectados automaticamente. O método do erro agrupado é um método melhor e mais sensível para a deteção de valores anómalos e pode ser utilizado adequadamente para experiências de microarray com apenas duas réplicas.

7.6.6. Subtração de fundo

A subtração da fluorescência de fundo dos sinais de hibridação é o segundo passo no processamento de dados de microarray. A subtração do fundo é necessária para distinguir os sinais reais baseados na hibridação do ruído e permite a comparação de pontos específicos. Existem duas abordagens à subtração de fundo. A primeira abordagem consiste em obter níveis de intensidade de sinal de áreas em branco na matriz e utilizá-los para a subtração. O problema desta abordagem é que o fundo varia ao longo da matriz e, por conseguinte, o ruído de fundo entre os pontos pode ser significativamente diferente. A segunda abordagem consiste em utilizar um fundo local para a área em redor de cada ponto para a determinação do fundo. A amostragem local do fundo é geralmente utilizada para especificar um limiar que o sinal verdadeiro deve exceder. Deste modo, é possível detetar sinais fracos e extrair uma densidade média acima do fundo para cada elemento da matriz (Chee *et al.*, 1996). Após a remoção de lâminas de má qualidade, pontos de má qualidade, valores aberrantes e fundo, os dados do microarray estão prontos para normalização e análise de dados.

Capítulo 8. Análise de dados de microarray

8.1.Normalização de dados

A hibridação de microarray possui uma variação intrínseca, que pode ocorrer potencialmente em cada etapa do processo de microarray. Uma questão fundamental antes da aplicação de análises estatísticas é saber se essas variações representam verdadeiras variações aleatórias nos valores de expressão ou se são devidas a variações sistemáticas resultantes de diferenças nas condições experimentais. Antes de prosseguir com a análise estatística dos dados de microarray, as variações sistemáticas devem ser removidas por normalização para permitir comparações estatísticas entre diferentes lâminas e diferentes experiências.

8.2. Fontes de variações sistemáticas

A variação sistemática tem origem numa série de fontes durante as experiências de microarray. As principais fontes de variação previstas são as seguintes (Tseng *et al.*, 2001). Variações dentro de uma lâmina ou efeito espacial. Muitos estudos mostram que ocorre uma variação substancial do sinal para o mesmo gene dentro de uma lâmina (Dudoit *et al.*, 2001). As diferenças na geometria do pino, na homogeneidade da lâmina, na hibridação e na fixação do alvo podem contribuir para as variações observadas entre pontos repetidos numa lâmina.

Podem ocorrer algumas diferenças sistemáticas entre pinos diferentes devido a diferenças no comprimento ou na abertura das pontas, à deformação do pino após várias rondas de impressão e a ligeiras diferenças nas propriedades da superfície. Todos estes factores podem conduzir a diferenças na transferência do ADN-alvo e, por conseguinte, causar variações sistemáticas na intensidade do sinal do microarray. A quantidade de ADN-alvo depositado também flutua para os mesmos pinos, embora os estudos tenham demonstrado que a variação entre pinos diferentes era significativamente mais elevada (Dudoit *et al.*, 2001). Além disso, a fração de ADN-alvo que é quimicamente fixada nas lâminas é desconhecida e pode variar consideravelmente dentro das lâminas. Por várias razões, os alvos marcados podem também estar distribuídos de forma desigual na lâmina e/ou a reação de hibridação pode ocorrer de forma desigual em diferentes partes das lâminas. Finalmente, algumas áreas de uma lâmina podem estar contaminadas e apresentar um fundo elevado. A influência destes factores na medição da intensidade do sinal numa lâmina é geralmente designada por efeito espacial.

Variação entre lâminas ou efeito de lâmina. As diferenças nas propriedades da superfície, no fabrico da matriz, na hibridação e na imagiologia podem conduzir a variações sistemáticas nos sinais de hibridação entre diferentes lâminas. A quantidade de ADN da sonda imobilizada na lâmina durante a impressão da matriz e a fixação da sonda pode ser substancialmente diferente entre diferentes lâminas devido a vários factores, tais como diferenças nas propriedades da superfície da lâmina e evaporação da amostra durante a impressão.

Além disso, a quantidade de ADNc adicionada às lâminas, especialmente quando são utilizadas diferentes preparações de ARN, e o ambiente local e as condições de hibridação, como a temperatura, o pH do tampão, a concentração do alvo, o tempo de incubação e de lavagem em cada câmara de hibridação, podem ser consideravelmente diferentes. O ruído de fundo e a curvatura local da superfície entre diferentes lâminas podem ter um grande impacto na digitalização, especialmente para os scanners confocais que são sensíveis à focagem. A influência destes factores na medição da intensidade do sinal é definida como efeito de lâmina. Tseng et al. (2001) demonstraram que esses efeitos são significativos e que a normalização depende da lâmina. Variação da marcação da sonda ou efeito de marcação. Os corantes fluorescentes mais utilizados, Cy3 e Cy5, não são igualmente incorporados nas moléculas de ADN pela transcriptase reversa e pela ADN polimerase. O Cy3 é incorporado mais eficientemente do que o Cy5 com a mesma preparação e quantidade de ARN. Embora ambos os corantes Cy sejam relativamente instáveis, o Cy3 e o Cy5 têm eficiências quânticas diferentes e são detectados pelo scanner da matriz com eficiências diferentes. Embora o limite de deteção do Cy5 com o scanner seja inferior ao do Cy3, o Cy5 é mais sensível à fotodegradação. A influência destes factores nas medições da intensidade é designada por efeito de etiqueta. A utilização de dois corantes fluorescentes pode também introduzir interações gene-rótulo. Por exemplo, a marcação fluorescente pode flutuar sistematicamente, dependendo da composição nucleotídica das sequências alvo, e um ou outro corante pode ser preferencialmente incorporado em sequências genéticas específicas. Além disso, o comprimento do cDNA marcado com Cy3- e Cy5- por transcrição reversa com priming aleatório pode ser significativamente diferente de sequência para sequência. Este cADN marcado mais longo pode potencialmente conduzir a níveis de intensidade mais elevados para determinadas sondas agrupadas. Se tal interação ocorrer, determinadas sequências apresentarão sempre intensidades mais elevadas num canal do que no outro, mesmo em condições não diferenciais e após normalização.

Variação das condições de crescimento e da preparação do ARNm ou efeito da amostra. Numa experiência de microarray comparativa, duas amostras de ARN extraídas de células cultivadas em condições diferentes são marcadas com diferentes corantes fluorescentes. Devido às diferenças de identidade genética (por exemplo, estirpes de tipo selvagem versus estirpes mutantes) e às condições ambientais de crescimento, a biomassa celular e a abundância de ARNm podem variar significativamente entre culturas diferentes. A pureza do ARN também pode ser muito diferente de amostra para amostra, o que pode conduzir a diferentes eficiências de marcação e hibridação. Além disso, a sensibilidade à degradação do ARNm pode ser consideravelmente diferente entre as preparações. Todos estes factores que afectam a intensidade do sinal são designados por efeitos da amostra. Devido às variações experimentais, os sinais de hibridação dos microarrays devem ser normalizados antes de comparar os dados de um único array ou de múltiplos arrays.

8.3. Genes utilizados para normalização

Duas questões críticas na análise de dados de microarray são como eliminar variações sistemáticas e que genes devem ser selecionados como referências para normalização. A conceção experimental determina em grande medida a estratégia utilizada para a normalização, três das quais são descritas em pormenor a seguir. Utilização de todos os genes da matriz ou normalização global. Sob uma determinada condição, espera-se que apenas uma pequena porção dos genes seja diferencialmente expressa. Assim, os restantes genes devem apresentar níveis de expressão constantes entre dois canais e podem ser utilizados para normalização para calibrar efeitos espaciais (Dudoit *et al.*, 2001), efeitos de deslizamento e efeitos de etiqueta (Tseng *et al.*, 2001). O pré-requisito para utilizar quase todos os genes da matriz para normalização é que apenas uma pequena fração dos genes seja expressa e que o número de genes regulados para baixo ou para cima seja aproximadamente igual.

Utilização de genes housekeeping constantemente expressos. Os genes housekeeping que são constantemente expressos numa variedade de condições podem ser utilizados para normalização (Duggan *et al.*, 1999). Embora possa ser difícil identificar um conjunto de genes housekeeping que não se alterem significativamente em nenhuma condição, pode ser possível identificar pequenos conjuntos de genes housekeeping temporários para condições experimentais específicas. Uma limitação da utilização de genes de controlo para normalização é o facto de os genes de controlo serem geralmente muito expressos, pelo que podem não ser representativos de outros genes de interesse. Utilização de controlos. Uma terceira abordagem de normalização é a utilização de controlos com picos ou uma série de titulação de sequências de controlo. No método de controlo por "spiked", as sequências de ADN de organismos diferentes dos que estão a ser estudados são impressas na matriz e, em seguida, os ARNm das sequências de controlo são misturados com as duas amostras de ARNm diferentes em quantidades iguais. Estes controlos pontuais devem ter intensidades iguais derivadas de Cy5 e Cy3, pelo que podem ser utilizados para normalização. Uma limitação é que a composição das sequências de controlo pode ser consideravelmente diferente das sequências-alvo e, consequentemente, pode não ser representativa dos genes de interesse. Outra limitação é o facto de poder ser difícil determinar a quantidade de ARNm a utilizar, uma vez que estão sempre presentes quantidades variáveis de ARNr e ARNt, e o grau de degradação do ARN varia de amostra para amostra.

No método da série de titulação, é impressa nas matrizes uma série de concentrações das sequências de controlo. Espera-se que estas manchas de controlo apresentem intensidades iguais de Cy5 e Cy3 numa gama de concentrações. O ADN genómico pode ser utilizado no método de titulação, uma vez que deve ter um nível de expressão consistente em várias condições.

8.4. Desenho experimental e estratégias de normalização

Uma vez que as experiências de microarray têm inerentemente uma elevada variação, uma conceção e execução experimentais cuidadosas são fundamentais para identificar com precisão os genes diferencialmente expressos em diferentes condições. Por conseguinte, é necessária uma normalização adequada para eliminar diferentes tipos de variações sistemáticas. Minimização dos efeitos espaciais. Para minimizar os efeitos espaciais, devem ser fabricados nos microarrays pontos múltiplos para um gene ou ADN de controlo. No caso das sequências de controlo, devem ser colocadas nos arrays várias concentrações de sequências.

Os pontos múltiplos de genes ou ADN de controlo na mesma lâmina são muito úteis para identificar pontos contaminados, pontos com elevado ruído de fundo e lâminas problemáticas em cada experiência (Tseng *et al.,* 2001). Para minimizar os efeitos espaciais, a normalização pode ser efectuada para cada sector do microarray com base em todos os genes desse sector. Uma vez que os ADN em diferentes sectores são depositados por pinos diferentes, a normalização é uma forma eficaz de eliminar variações de pino para pino (Dudoit *et al.,* 2001). Ao comparar os resultados da normalização para diferentes genes e sequências de controlo entre diferentes sectores, deverá ser possível avaliar e minimizar as variações sistemáticas associadas às propriedades da superfície da lâmina.

Minimização dos efeitos da marcação e da interação gene-rótulo. Para eliminar variações sistemáticas na marcação da sonda e na interação gene-marcador, recomenda-se uma conceção experimental de marcação inversa (Kerr e Churchill, 2001a; Tseng *et al.,* 2001). Para tal, duas alíquotas das duas amostras de ARN (A e B) são marcadas com Cy3 ou Cy5 separadamente e, em seguida, hibridizadas com dois microarrays. A solução de hibridação para o primeiro microarray consiste na amostra A marcada com Cy3 e na amostra B marcada com Cy5, enquanto a marcação para a hibridação do segundo microarray é invertida para as duas amostras-alvo. Em seguida, a intensidade do sinal para cada microarray é normalizada com base em todos os genes do microarray ou num conjunto de genes de manutenção, utilizando diferentes abordagens de normalização (ver abaixo). Após a normalização, é calculada a média das intensidades de sinal de ambos os canais para cada amostra e os rácios de intensidade das duas amostras são calculados com base nos sinais médios. A conceção experimental da marcação inversa é eficaz na eliminação dos efeitos de marcação e da interação entre genes e marcadores (Tseng *et al.,* 2001).

Minimizar os efeitos das lâminas e das amostras. Num estudo comparativo típico, são utilizados vários tratamentos replicados (por exemplo, 3) em cada condição e os mRNAs de duas condições diferentes são marcados com fluorescência e co-hibridizados na mesma lâmina ou em várias lâminas. Neste tipo de conceção experimental, a intensidade do sinal é afetada pelos efeitos da lâmina e da amostra e será difícil eliminar a variação sistemática resultante com base na utilização de todos os genes dispostos para normalização. Nesta situação, deve identificar-se um número suficiente de genes não diferencialmente expressos em cada lâmina e utilizá-los para construir uma curva de normalização, porque se espera que o nível de expressão dos genes não diferencialmente expressos permaneça constante nas condições experimentais testadas. Um desafio é selecionar os genes não diferencialmente expressos. Embora os genes housekeeping pré-determinados sejam bons candidatos, podem não ser adequados para a normalização devido ao elevado nível de expressão e à variabilidade natural do seu nível de expressão.

Pode ser utilizada uma abordagem de seleção invariante (Schadt *et al.*, 2000; Tseng *et al.*, 2001) para selecionar genes não diferencialmente expressos. Este método pressupõe que, para um gene regulado positivamente, a classificação da intensidade do sinal num canal será significativamente mais elevada do que a classificação no outro canal, e vice-versa. Resumidamente, as intensidades de sinal de genes individuais de ambos os canais são classificadas. Se as classificações das intensidades Cy3 e Cy5 de um gene diferirem menos do que um determinado valor limite, e a classificação da intensidade média não estiver dentro dos níveis conhecidos das classificações mais baixas e mais altas, então este gene é classificado como um gene não diferencialmente expresso (Tseng *et al.*, 2001). Este método funciona bem se a maioria dos genes não tiver expressão diferencial. No entanto, este método pode falhar se a maioria dos genes estiver regulada para cima ou para baixo (Tseng *et al.*, 2001).

8.5. Abordagens de normalização

Os métodos para a normalização de dados de hibridação de microarrays podem ser geralmente classificados como lineares ou não lineares. A principal diferença entre estes dois tipos é que os métodos lineares multiplicam todos os valores de um canal por um fator de correção, ao passo que os métodos não lineares, preferidos pela maioria dos investigadores que trabalham com microarrays, têm em conta a intensidade do canal e, por isso, são considerados mais exactos. Aqui, descrevemos brevemente os métodos de normalização mais utilizados.

Fator de correção baseado na intensidade total. Este método calcula um fator de correção com base na intensidade total de fluorescência medida. O principal pressuposto subjacente é que a quantidade total de ARN marcado com Cy3 e Cy5 é igual, porque a mesma quantidade de ARN da mesma amostra é utilizada em reacções de marcação separadas. Embora o ponto para qualquer gene num canal possa ser mais elevado do que no outro, essas variações devem ser calculadas como média em milhares de pontos da matriz. Por conseguinte, a intensidade total integrada de todos os pontos deve ser igual em ambos os canais, podendo ser derivado um fator de correção de sinal constante para redimensionar a intensidade do sinal do outro canal.

Método de regressão linear. Para experiências diferenciais, espera-se que muitos genes sejam expressos a um nível quase constante em duas condições de crescimento ou tratamentos diferentes. Assim, o declive da intensidade num gráfico de dispersão de ambos os canais deve ser 1. Com base neste pressuposto, o declive pode ser calculado por regressão linear para obter um fator de correção e, em seguida, todos os valores de um canal são multiplicados pelo fator de correção para ajustar o declive a 1.

Média geométrica aparada (TGM). Este método não linear foi inicialmente descrito por Morrison et al. (1999) e é geralmente recomendado para a maioria das necessidades de normalização. O método pressupõe que, sob uma determinada condição, apenas uma pequena proporção dos genes será expressa diferencialmente. Assim, os restantes genes devem apresentar um nível de expressão constante e podem ser utilizados para normalização (Beliaev *et al.*, 2002; Thompson *et al.*, 2002). Os sinais de cada canal são transformados logaritmicamente e ordenados com base na intensidade, sendo depois descartados 5% dos valores extremos (mínimo e máximo). São calculados o log-TGM e o SD das médias log-transformadas. O valor normalizado para um gene é obtido dividindo a diferença entre a intensidade logarítmica e as médias logarítmicas pelo SD das médias logarítmicas. Os valores normalizados são então convertidos de log para valores normais, que são depois utilizados para calcular os rácios de expressão.

Método de normalização não linear dependente da intensidade. Em muitos casos, a polarização do corante depende da densidade do ponto (Dudoit *et al.*, 2001; Tseng *et al.*, 2001). Assim, pode ser preferível um método de normalização dependente da intensidade. Yang et al. (2001) propuseram um método de normalização não linear dependente da intensidade que utiliza a maioria dos genes numa matriz. Uma vez que este método é complicado, remete-se o leitor para o artigo original para mais pormenores (Dudoit *et al.*, 2001). Resumidamente, são calculados o rácio de intensidade logarítmica e a intensidade logarítmica média de ambos os canais. O rácio de intensidade normalizado é a diferença entre o rácio de intensidade logarítmica real e o rácio de intensidade estimado com base na função Lowess.

Teoricamente, este método de normalização deveria ser o mais robusto.

8.6. Transformação de dados

Antes de analisar estatisticamente os dados de microarray, é importante determinar se os dados satisfazem os pressupostos subjacentes ao modelo estatístico específico que será utilizado. Os requisitos mais comuns para as técnicas estatísticas são que os dados tenham uma distribuição normal e uma variância homogénea. Se os dados não satisfizerem estes pressupostos, podem ser transformados e reavaliados para determinar se satisfazem os pressupostos subjacentes. Se os dados não satisfizerem os pressupostos, as análises estatísticas não serão válidas.

Embora existam muitas abordagens diferentes para a transformação de dados, a abordagem mais comummente utilizada em estudos de microarray é tomar o logaritmo dos valores de expressão quantificados. A razão para tal é tripla. Em primeiro lugar, a variação nos logaritmos das intensidades e nos logaritmos dos rácios das intensidades depende menos da magnitude absoluta. A transformação de log pode igualar a variabilidade em dados de microarray com elevada variabilidade. Em segundo lugar, a transformação de log equilibra distribuições altamente distorcidas e, assim, aproxima os dados de uma distribuição normal. Em terceiro lugar, a normalização é aditiva para logs de intensidades. Os estudos mostram que a transformação logarítmica é muito eficaz para aproximar os dados de microarrays de uma distribuição normal e é a melhor abordagem para a análise de dados de expressão genética baseados em microarrays (Kalosai e Shams, 2001).

8.7. Métodos de identificação de genes diferencialmente expressos

Geralmente, os rácios de intensidade normalizados em duas condições experimentais diferentes são utilizados para avaliar os genes diferencialmente expressos. As técnicas estatísticas padrão não podem ser facilmente utilizadas para determinar qual o nível de diferença na variação inerentemente elevada associada a experiências de microarray e replicações de baixo nível.

Atualmente, são utilizadas três abordagens básicas para identificar genes diferencialmente expressos. A primeira abordagem, que é comummente referida na literatura, baseia-se em diferenças de dobras atribuídas arbitrariamente (Schena *et al.,* 1996; Heller *et al.,* 1997). Se o nível médio de expressão variar mais do que um fator constante (por exemplo, 2) entre as condições de tratamento e de controlo, considera-se que esse gene sofreu uma alteração significativa da sua expressão. No entanto, é pouco provável que uma regra de dobra fixa deste tipo identifique diferenças biológicas reais, porque um fator de dois tem um significado diferente, dependendo dos níveis de expressão e variação do gene. O método da regra da dobra só é aplicável quando a variância entre as réplicas num tratamento é idêntica para cada gene, de modo a que a variância da amostra possa ser ignorada. No entanto, na prática, a variância difere entre os genes, e é fundamental incorporar essa informação num teste estatístico.

A segunda abordagem consiste em utilizar o teste estatístico padrão t (Baldi e Long, 2001; Thompson *et al.,* 2002) ou testes t emparelhados (Rogge *et al.,* 2000) utilizando o rácio de intensidade ou o log do rácio de intensidade para testar se a alteração fold é significativamente diferente de 1 ou 0. Quando o valor t excede um determinado limiar, dependendo do nível de confiança selecionado (normalmente o nível de confiança de 95% ou P , 0,05), considera-se que o nível de expressão do gene é significativamente diferente entre duas condições. O teste t incorpora informações sobre a variância e pode potencialmente ultrapassar os inconvenientes do método da regra das dobras. A aplicação do teste t exige que todas as experiências de microarray sejam altamente replicadas para obter estimativas exactas da variância dentro dos tratamentos experimentais. No entanto, o nível de replicação dentro dos tratamentos experimentais é muitas vezes demasiado baixo para permitir a realização de testes t, porque as experiências de microarray são dispendiosas e demoradas a repetir ou porque a quantidade de amostras biológicas é muito limitada. Um número reduzido de réplicas pode levar a uma estimativa incorrecta da variância e, consequentemente, a um fraco desempenho do próprio teste t (Baldi e Long, 2001).

A terceira abordagem consiste em aplicar o teste t regularizado baseado em modelos probabilísticos bayesianos para melhorar a confiança na interpretação de dados de microarranjos de ADN com um número reduzido de réplicas (Baldi e Long, 2001). Este método pressupõe que os genes com níveis de expressão semelhantes têm erros de medição semelhantes e que os dados de todos os genes com expressão semelhante podem servir como pseudo-replicação da experiência. Assim, a variância de qualquer gene individual pode ser estimada pela média ponderada das variâncias de um número de genes com níveis de expressão semelhantes.

Este método foi aplicado para identificar perfis de expressão global em E. coli K12 (Long *et al.*, 2001). Os resultados mostraram que a abordagem bayesiana identificou um conjunto mais forte de genes significativamente regulados para cima ou para baixo e exigiu menos replicações para atingir o mesmo nível de fiabilidade que o método do teste t. Uma vez que este método é computacionalmente exigente, um programa para acomodar esta abordagem, Cyber-T, está disponível na interface Web, www.genomics.uci.edu/ software.html. Estão também disponíveis vários métodos estatísticos no Array State para identificar genes diferencialmente expressos.

8.8. Análise de dados de microarray

A hibridação de microarrays gera uma enorme quantidade de dados, e o grande desafio é como extrair informações biológicas significativas. Um dos principais objectivos da visualização e análise de dados de microarray é identificar genes estatisticamente significativos regulados para cima e para baixo e genes co-regulados que exibam padrões de expressão semelhantes. Embora tenham sido utilizados muitos métodos estatísticos diferentes para analisar dados de microarray, estes ainda se encontram nas primeiras fases de desenvolvimento. Nesta secção, serão brevemente revistos vários métodos actuais.

8.8.1. Gráfico de dispersão

Os gráficos de dispersão são a forma mais simples de visualizar dados de expressão de microarray. Numa experiência comparativa, a hibridação de microarray é geralmente efectuada com duas amostras de duas condições diferentes. É possível utilizar um gráfico de dispersão para visualizar genes regulados para cima e para baixo, atribuindo valores dos eixos x e y para representar a intensidade do sinal nas duas condições diferentes. No gráfico de dispersão, os genes com valores de expressão iguais para duas condições caem ao longo da linha diagonal de identidade, enquanto os genes que são diferencialmente expressos caem fora da linha diagonal; quanto maior o desvio da linha diagonal, maior a diferença na expressão de um determinado gene entre duas amostras.

8.8.2. Medição de similaridade

Numa conceção experimental típica de microarray, são geralmente comparadas várias condições experimentais em vários momentos. Em grandes experiências que analisam milhares de genes, o aumento do volume de dados torna muito difícil a identificação de padrões de expressão genética utilizando gráficos de dispersão. Nestes casos, devem ser utilizadas técnicas de análise multivariada mais sofisticadas. Para utilizar diferentes métodos de análise multivariada, as relações entre diferentes genes devem ser primeiro quantificadas com base na intensidade do sinal, utilizando métricas adequadas. São geralmente utilizadas duas abordagens para quantificar as relações entre os diferentes genes. Uma abordagem consiste em utilizar a distância euclidiana, que é definida como a raiz quadrada do somatório dos quadrados das diferenças entre todas as comparações entre pares. Esta métrica mede a distância absoluta entre dois pontos no espaço definido pelos dois perfis de expressão génica. Em geral, estas medidas de distância são adequadas quando o objetivo é agrupar genes com padrões de expressão semelhantes.

A outra abordagem consiste em utilizar o coeficiente de correlação de Pearson. Para compreender as redes de regulação, é biologicamente mais interessante procurar genes expressos a diferentes níveis mas com perfis globais semelhantes. O coeficiente de correlação de Pearson é ideal para identificar perfis de forma semelhante. Os valores deste coeficiente de correlação variam entre 21 (correlação negativa) e 1 (correlação positiva), e o método pode detetar genes correlacionados tanto negativa como positivamente. Foram utilizadas diversas variações da métrica de correlação, tais como o coeficiente de correlação com um desvio de zero para ter especificamente em conta o estado de referência (Eisen *et al.,* 1998) e a correlação jackknife para contrariar os efeitos de outlier (Heyer *et al.,* 1999).

8.8.3. Análise de componentes principais

A análise de componentes principais (ACP) é um método estatístico exploratório multivariado para simplificar conjuntos de dados que reduz a dimensionalidade das variáveis, encontrando novas variáveis, que são independentes umas das outras. Algumas das novas variáveis, normalmente 2-3, são selecionadas para explicar a maior parte da variância nos dados originais. Uma vez que cada componente principal é uma combinação linear das variáveis originais, é frequentemente possível atribuir um significado ao que os componentes principais representam. Para a análise de dados de microarray, os genes ou as experiências podem ser considerados como variáveis. A PCA tem sido utilizada numa série de estudos bioquímicos, incluindo a análise de dados de microarray para identificar genes e/ou experiências anómalas (Hilsenbeck *et al.,* 1999). A principal vantagem da PCA é o facto de identificar os outliers nos dados ou os genes que se comportam de forma diferente da maioria dos genes num conjunto de experiências. Também pode ser utilizada para visualizar grupos de genes que se comportam de forma semelhante em diferentes experiências. No entanto, o número de clusters nos conjuntos de dados é arbitrário e depende da intuição ou experiência do utilizador.

8.8.4. Análise de clusters

Um dos métodos mais utilizados é a análise de clusters. A análise de clusters é utilizada para identificar grupos de genes, ou clusters, que têm perfis de expressão semelhantes. Os clusters e os genes neles contidos podem ser subsequentemente examinados quanto a semelhanças nas funções e nas sequências, de modo a compreender melhor como e porque se comportam de forma semelhante. A análise de clusters pode ajudar

Além disso, a qualidade dos agrupamentos identificados pelo k-means não é garantida (Heyer *et al.*, 1999). Recentemente, foi proposta uma nova versão do k-means (progressive k-means) para analisar dados de expressão genética. Este novo procedimento identifica o número de clusters diferentes a partir dos próprios dados e é independente de um número de clusters especificado a priori (Ben-Dor *et al.*, 1999; Herwig *et al.*, 1999). Apesar destas limitações, os métodos k-means parecem ter um bom desempenho com um grande número de genes (Dopazo *et al.*, 2001).

Para evitar as limitações do agrupamento hierárquico e do agrupamento k-means, foi desenvolvido outro procedimento de agrupamento não hierárquico, o agrupamento de qualidade (Heyer *et al.*, 1999), que se centra na identificação de grandes agrupamentos com uma garantia de qualidade. O agrupamento de qualidade permite que cada ORF inicie um agrupamento candidato, que é formado iniciando cada ORF e agrupando a ORF com o maior coeficiente de correlação jackknife. Outras ORFs são adicionadas iterativamente de forma a minimizar o aumento do diâmetro do agrupamento sem remover as ORFs que os agrupamentos anteriores incluíam (Heyer *et al.*, 1999). Uma caraterística deste procedimento é que o número de clusters candidatos é igual ao número de ORFs e muitos clusters candidatos sobrepõem-se, sendo retido o maior cluster candidato. As ORFs que contém são eliminadas e todo o procedimento é repetido no conjunto mais pequeno de ORFs até que o maior agrupamento restante tenha menos do que um número pré-especificado de elementos.

O agrupamento de qualidade tem várias vantagens em relação ao agrupamento hierárquico e ao agrupamento k-médias. Em primeiro lugar, o número total de clusters não é necessário antes da execução do algoritmo e a qualidade de todos os clusters é garantida. Em segundo lugar, embora o algoritmo de agrupamento de qualidade seja semelhante ao procedimento hierárquico de ligação completa, os agrupamentos identificados num determinado limiar são, em média, muito maiores. Em terceiro lugar, uma vez que cada ORF é considerada um potencial centro de agrupamento, as decisões locais não têm um grande impacto nos resultados finais do agrupamento. Assim, espera-se que este método seja menos sensível do que as abordagens hierárquicas a pequenas alterações nos dados, como a remoção de ORFs através de filtragem. Por último, este método não é sensível à ordem pela qual os dados de similaridade ou distância aparecem. Uma vez que se trata de um novo método de agrupamento, o seu valor como ferramenta de análise continua por determinar.

8.8.5. Análise de redes neurais

Uma vez que os métodos de agrupamento têm algumas desvantagens graves no tratamento de dados com uma quantidade significativa de ruído, foi proposta uma abordagem fundamentalmente diferente baseada em redes neuronais para a análise de dados de microarray (Tamayo *et al.,* 1999; Toronen *et al.,* 1999; Herrero *et al.,* 2001). As redes neurais não supervisionadas e, em particular, os mapas auto-organizáveis (SOM), são um método mais robusto e preciso para agrupar grandes conjuntos de dados. O algoritmo de análise de redes neuronais funciona da seguinte forma. Em primeiro lugar, é definida uma grelha bidimensional, normalmente de geometria hexagonal ou retangular. Em seguida, à semelhança do agrupamento k-means, o número de agrupamentos (k) é especificado para corresponder aos pontos representativos na configuração geométrica especificada. Os pontos de dados são mapeados na grelha e as posições dos pontos representativos são relocalizadas iterativamente de forma a que cada centro tenha um ponto representativo. Os grupos próximos uns dos outros na grelha serão mais semelhantes entre si do que os mais afastados.

A principal vantagem dos SOMs é o facto de serem robustos ao ruído. Por outras palavras, são capazes de lidar com grandes conjuntos de dados que contêm itens ruidosos e mal definidos, com variáveis irrelevantes e outliers. Isto é particularmente útil para analisar dados de microarray. Os SOMs também são razoavelmente rápidos e podem ser facilmente escalados para grandes conjuntos de dados. Uma desvantagem dos SOM é que requerem escolhas pré-determinadas sobre a geometria, como o método k-means. O número de clusters é fixado arbitrariamente desde o início e, consequentemente, é difícil recuperar a estrutura natural de clusters do conjunto de dados. Os SOMs também produzem uma classificação não proporcional. Se os dados irrelevantes ou um determinado tipo de perfil forem abundantes, o perfil mais interessante será mapeado em poucos clusters e, por conseguinte, a sua resolução poderá ser baixa. Além disso, é muito difícil detetar relações de ordem superior entre grupos de perfis devido à falta de uma estrutura em árvore (Herrero *et al.,* 2001).

Para ultrapassar algumas das limitações dos SOM, foi proposta uma rede neural não supervisionada com uma topologia de árvore binária, designada por algoritmo de árvore auto-organizável (SOTA) (Dopazo e Carazo, 1997). Este novo algoritmo combina as vantagens do agrupamento hierárquico (topologia em árvore) e da rede neural (precisão e robustez) e foi utilizado para analisar dados de expressão genética (Herrero *et al.,* 2001).

Capítulo 9. Aplicações da tecnologia de microarray às ciências ambientais

Para além de monitorizar os padrões de transcrição à escala genómica, a tecnologia baseada em microarranjos é adequada para a deteção de microrganismos em ambientes naturais. Muitos genes funcionais alvo envolvidos no ciclo biogeoquímico em ambientes são altamente diversificados, sendo difícil ou impossível identificar regiões conservadas para a conceção de iniciadores de PCR ou sondas de oligonucleótidos. A abordagem baseada em microarranjos não requer essa conservação de sequências, porque todas as diversas sequências de genes de diferentes populações do mesmo grupo funcional podem ser fabricadas em arranjos e utilizadas como sondas para monitorizar as populações correspondentes. Em contraste com os estudos que utilizam culturas puras, a análise de ácidos nucleicos ambientais por microarray apresenta uma série de desafios técnicos que têm de ser ultrapassados. Em primeiro lugar, as sequências alvo e de sonda nas amostras ambientais podem ser muito diversas, e não é claro se o desempenho dos microarrays com amostras ambientais diversas é semelhante ao das amostras de culturas puras e como a divergência de sequências se reflecte na intensidade do sinal de hibridação. Em segundo lugar, as amostras ambientais estão geralmente contaminadas com substâncias como matéria húmica, contaminantes orgânicos e metais, que podem interferir com a reação de hibridação em microarrays. Em terceiro lugar, em contraste com as culturas puras, a biomassa recuperável em amostras ambientais é geralmente baixa; consequentemente, não é claro se a hibridação por microarray é suficientemente sensível para detetar microrganismos em todos os tipos de amostras ambientais. Por último, é incerto se a deteção baseada em microarray pode ser quantitativa. Os estudos ambientais e ecológicos exigem instrumentos experimentais que não só detectem a presença ou ausência de determinados grupos de microrganismos, mas também forneçam dados quantitativos sobre as suas actividades biológicas in situ. Nas secções seguintes, discutimos três tipos diferentes de formatos de microarrays que foram desenvolvidos para utilização em estudos ambientais: arrays de genes funcionais (FGAs), arrays de oligonucleótidos filogenéticos (POAs) e arrays de genomas comunitários (CGAs).

Matrizes genéticas funcionais

Os genes que codificam enzimas funcionais envolvidas em vários processos de ciclagem biogeoquímica (por exemplo, carbono, azoto, sulfato e metais) são muito úteis como assinaturas moleculares para avaliar o estado fisiológico e as actividades funcionais de populações e comunidades microbianas em ambientes naturais. Os microarrays que contêm informações sobre a sequência de genes funcionais são designados por FGAs, porque são utilizados principalmente para a análise funcional das actividades da comunidade microbiana em ambientes (Wu *et al.,* 2001). À semelhança das matrizes de perfis de expressão genética, tanto os oligonucleótidos como os fragmentos de ADN amplificados por PCR correspondentes a genes funcionais podem ser utilizados para fabricar FGAs.

1. Seleção de sondas genéticas

Os FGAs são concebidos para estudar a diversidade genética funcional em ambientes naturais. Para construir FGAs, as sondas genéticas devem ser cuidadosamente definidas e selecionadas com base nas questões de investigação específicas a abordar. Por exemplo, os microarrays podem ser constituídos por sondas de genes envolvidos em processos biogeoquímicos como a nitrificação (amoníaco monooxigenase, amoA), a desnitrificação (nitrito redutases, nirS e nirK), a fixação do azoto (nitrogenases, nifH), redução do sulfito (sulfito redutase, dsvA/B), metanogénese (genes da metil coenzima M redutase, mcrA), oxidação do metano (metano mono-oxigenases, mmo) e degradação de polímeros vegetais e fúngicos (celulases, xilanases, ligina peroxidases, quitinases).

As sondas para a construção de FGAs podem ser geradas de três formas. O fragmento de gene desejado pode ser amplificado a partir de ADN genómico extraído de culturas bacterianas puras, utilizando iniciadores específicos, ou a partir de plasmídeos clonados que contenham a inserção do gene desejado, utilizando iniciadores específicos do vetor. No entanto, a disponibilidade de culturas puras e de clones de plasmídeos pode ser limitada. Na segunda abordagem, os fragmentos do gene desejado são recuperados de ambientes naturais utilizando métodos de clonagem baseados em PCR (Zhou *et al.,* 1997). Geralmente, as sequências que apresentam uma identidade de .85% podem ser utilizadas como sondas específicas para FGAs. Estas duas abordagens foram utilizadas para construir FGAs contendo genes de nitrito redutase e genes de amoníaco monooxigenase para monitorizar bactérias envolvidas na nitrificação e desnitrificação, respetivamente (Wu *et al.,* 2001). Por último, na terceira estratégia, os oligonucleótidos, geralmente de 5070 mers, são concebidos com base nas sequências funcionais disponíveis em bases de dados públicas e sintetizados para o fabrico de microarranjos.

2. Especificidade

A especificidade da hibridação é um parâmetro importante que tem impacto em qualquer método de deteção. É influenciada por muitos factores, como o teor de G þ C, o grau de divergência da sequência, o comprimento da sequência, a estrutura secundária da sonda, a temperatura e as concentrações de sal. Para determinar a especificidade da hibridação de microarranjos de ADN, construímos e utilizámos FGAs constituídos por genes de nitrito redutase contendo heme e cobre, genes de amoníaco monooxigenase (amoA) e genes de metano monooxigenase [pmoA] (Wu *et al.,* 2001). Os genes rRNA de subunidade pequena (SSU) e os genes de levedura foram utilizados como controlos positivos e negativos, respetivamente, nos FGAs. A hibridação cruzada entre diferentes grupos de genes não foi observada nem a baixa (458C) nem a alta (658C) estringência. Além disso, não foi observada qualquer hibridação com nenhum dos cinco genes de levedura, que serviram de controlos negativos para a hibridação na matriz. Com base nas semelhanças das sequências, estimou-se que a hibridação em microarray pode diferenciar entre sequências que exibem uma dissimilaridade de aproximadamente 15% a 658C e 10% a 758C (Wu *et al.*, 2001). Além disso, a baixa estringência, a maioria dos genes nirS, nirK ou amoA hibridizaram bem com o respetivo ADN alvo homólogo, sugerindo que é possível obter uma vasta gama de deteção ajustando as condições para a hibridização em microarray. Estes resultados indicam que é possível obter uma hibridação específica utilizando o formato de microarray baseado em lâminas de vidro com ADN comunitário em massa extraído de amostras ambientais.

Para determinar o desempenho potencial dos microarrays de oligonucleótidos para estudos ambientais, foi construído e avaliado um FGA constituído por sondas de oligonucleótidos de 50 mers, utilizando 1033 genes envolvidos no ciclo do azoto (nirS, nir K, nif H, amoA e pmoA) e na redução do sulfito (dsrA/B) de bases de dados públicas e das nossas próprias colecções de sequências (Tiquia et al, não publicado). Sob condições de hibridização de 508C e 50% de formamida, os genes com 86-90% de identidade de sequência foram claramente distinguidos. Como esperado, os FGAs baseados em oligonucleótidos apresentaram um grau mais elevado de especificidade de hibridação do que os FGAs baseados em ADN. A comparação de sequências de sondas de culturas puras de bactérias envolvidas na nitrificação, desnitrificação, fixação de azoto, oxidação de metano e redução de sulfato indicou que a semelhança média destes genes funcionais ao nível das espécies variava entre 74 e 84%. Estes resultados sugerem que os FGAs de 50 mers podem fornecer uma resolução ao nível da espécie para analisar microrganismos envolvidos nestes processos biogeoquímicos.

Em comparação com os FGAs baseados em ADN, as matrizes de oligonucleótidos de 50 mers oferecem as seguintes vantagens principais. Em primeiro lugar, é possível obter uma maior especificidade de hibridação porque as dimensões das sondas nas matrizes de oligonucleótidos são muito mais pequenas do que as utilizadas nos FGAs baseados no ADN. Assim, este tipo de matriz ambiental pode proporcionar um maior nível de resolução na diferenciação de populações microbianas. Uma vez que as sondas podem ser diretamente concebidas e sintetizadas com base em informações de sequências de bases de dados públicas, a construção de matrizes de oligonucleótidos é muito mais fácil do que a das FGAs baseadas em ADN. Para construir microarrays com grandes fragmentos de ADN, as sondas utilizadas para o fabrico de array são geralmente amplificadas por PCR a partir de clones ambientais ou de ADN genómico puro. No entanto, a obtenção de todos os diversos clones ambientais e estirpes bacterianas de várias fontes como modelos para amplificação pode constituir um desafio considerável. Consequentemente, a construção de microarrays abrangentes que representem todos os genes funcionais de interesse não é viável na prática. Com os oligoarranjos, um grande número de genes pode ser facilmente agrupado para um estudo exaustivo das populações e actividades de diversas comunidades microbianas no ambiente. Além disso, como não há amplificação por PCR no fabrico de microarrays de oligonucleótidos, a potencial contaminação cruzada devida à amplificação por PCR é minimizada.

3. Sensibilidade

A sensibilidade é outro parâmetro crítico que tem impacto na eficácia da deteção de microrganismos com base em microarray. A sensibilidade de deteção da hibridação com um protótipo de FGA baseado em ADN foi determinada utilizando ADN genómico de culturas puras e de amostras da comunidade do solo. A uma elevada exigência, foram observados fortes sinais de hibridação com 5 ng de ADN para os genes nirS e SSU rRNA, ao passo que os sinais de hibridação eram mais fracos mas detectáveis com 1 ng de ADN (Fig. 8B). Os sinais de hibridação a baixas concentrações de ADN eram mais fortes para os genes SSU rRNA do que para os genes nirS. Os sinais de hibridação derivados de 0,5 ng de ADN genómico eram mensuráveis, mas a intensidade da fluorescência era fraca. Consequentemente, o limite de deteção foi estimado em cerca de 1 ng com ADN genómico puro marcado aleatoriamente nas condições de hibridação testadas.

A sensibilidade de deteção da hibridação FGA foi também avaliada utilizando o ADN genómico da comunidade isolado de um solo superficial que continha um elevado nível de crómio e matéria orgânica. Todos os genes agrupados, com exceção dos cinco genes de levedura, mostraram hibridação com 50 e 25 ng de ADN comunitário marcado. Apenas os genes SSU rRNA puderam ser detectados quando apenas 10 ng do ADN da comunidade do solo foram utilizados na reação de hibridação. Assim, a sensibilidade de deteção dos genes nirS e SSU rRNA nesta amostra de solo foi considerada como sendo de aproximadamente 25 e 10 ng do ADN ambiental total, respetivamente. Estes níveis aproximados de sensibilidade de deteção devem ser suficientes para muitos estudos em ecologia microbiana e sugerem que a hibridação de microarranjos pode ser utilizada como uma ferramenta sensível para analisar a composição da comunidade microbiana em amostras ambientais.

O limite de deteção com FGAs de 50 mero foi de aproximadamente 8 ng de ADN genómico puro. Como esperado, a sensibilidade dos FGAs de 50 mero é 10 vezes inferior à dos FGAs baseados em ADN e 100 vezes inferior à dos CGAs (Tiquia *et al.,* não publicado; Zhou, 2003), que são discutidos mais adiante. Uma das principais razões para a menor sensibilidade dos FGAs de 50 mers é o facto de as sondas de oligonucleótidos serem muito mais curtas do que as sondas utilizadas nos FGAs e CGAs baseados em ADN, que têm mais sítios de ligação disponíveis para capturar os ADNs alvo marcados. Além disso, foram obtidas boas hibridações com os FGAs de 50 mers utilizando 2 mg de ADN comunitário em massa de sedimentos marinhos. Estes resultados sugerem que a quantidade de amostra de ADN não deve ser um fator limitativo importante na utilização deste tipo de microarray para estudos ambientais, uma vez que os rendimentos médios de ADN variam geralmente entre 10 e 400 mg de ADN por g (peso seco) para muitas amostras de solos e sedimentos de superfície.

Embora seja possível obter uma deteção sensível com a hibridação de microarray, a sensibilidade da deteção depende dos reagentes, especialmente dos corantes fluorescentes. Verificámos que a sensibilidade varia muito com diferentes lotes de corantes fluorescentes. Além disso, a sensibilidade com a hibridação direta de microarray pode ainda ser 100 a 10.000 vezes inferior à da amplificação por PCR. A hibridação de microarranjos ainda não é suficientemente sensível para alguns estudos ambientais em que a quantidade de biomassa recuperável é muito baixa, exigindo assim o desenvolvimento de métodos mais sensíveis.

4. Quantificação

Muitos estudos ambientais e ecológicos exigem dados quantitativos sobre a abundância in situ e as actividades biológicas das comunidades microbianas. A exatidão da avaliação quantitativa baseada em microarray é ainda incerta devido à elevada variação inerente associada ao fabrico do array, à marcação da sonda, à hibridação e ao processamento da imagem. A comparação dos resultados da hibridação de microarranjos com resultados previamente conhecidos sugeriu que a hibridação de microarranjos parece ser suficientemente quantitativa para detetar diferenças nos padrões de expressão genética em várias condições (DeRisi *et al.*, 1997; Lockhart *et al.*, 1996; Taniguchi *et al.*, 2001). Os microarranjos de ADN foram também utilizados para medir diferenças no número de cópias de ADN em tumores da mama (Pinkel *et al.*, 1998; Pollack *et al.*, 1999) e para detetar supressões ou adições de uma única cópia (Pollack *et al.*, 1999), o que sugere que a deteção baseada em microarranjos é potencialmente quantitativa. Um estudo recente em que o ADN lambda (l) foi co-spotado com ADN de estirpes bacterianas de referência também indicou que os microarrays podem quantificar com precisão os genes em amostras de ADN (Cho e Tiedje, 2001).

Para avaliar se a hibridação em microarray pode ser utilizada como ferramenta quantitativa para analisar amostras ambientais, a relação entre a concentração de ADN alvo e o sinal de hibridação foi examinada com FGAs baseados em ADN (Wu *et al.*, 2001). Foi observada uma forte relação linear (r 2 ¼ 0,96) entre a intensidade do sinal e a concentração de ADN alvo com ADN de uma cultura bacteriana pura entre 1 e 100 ng. À semelhança dos FGAs baseados em ADN, observou-se uma forte relação linear utilizando os FGAs de oligonucleótidos de 50 mers entre a intensidade do sinal e as concentrações de ADN alvo de 8 a 1000 ng para os seis grupos de genes funcionais diferentes (r 2 ¼ 0,96-0,98) (Tiquia *et al.*, não publicado). Estes resultados sugerem que a hibridação de microarray é quantitativa para culturas bacterianas puras dentro de uma gama limitada de concentração de ADN. Com o nosso protocolo optimizado, a variação experimental entre lâminas de matriz pode ser reduzida para menos de 15% com amostras ambientais (Wu *et al.*, 2001). Este facto é consistente com os resultados dos estudos de microarray sobre a expressão genética (Bartosiewicz *et al.*, 2000).

Uma vez que as amostras ambientais contêm uma mistura de modelos alvo e não alvo, a presença de outros modelos não alvo pode afetar a quantificação baseada em microarray. Para determinar se a hibridação de microarrays é quantitativa para modelos-alvo no contexto de amostras ambientais, 11 genes diferentes, com menos de 80% de identidade de sequência, foram marcados e hibridizados com os FGAs baseados em ADN. Para esta população mista de ADN, foi observada uma relação linear (r 2 ¼ 0,94) entre a intensidade do sinal e a concentração de ADN alvo (Fig. 9), sugerindo ainda que a hibridação de microarray é promissora como ferramenta quantitativa para estudos em microbiologia ambiental.

Os genes alvo dentro dos grupos funcionais presentes nas amostras ambientais podem ter diferentes graus de divergência de sequência. Essas diferenças de sequência afectarão as intensidades do sinal de hibridação do microarray e, consequentemente, o seu poder quantitativo. Embora tenha sido demonstrado que a hibridação de microarranjos pode ser utilizada para quantificar modelos de ADN mistos, o desafio difícil na quantificação da abundância de populações microbianas em ambientes naturais, com base na intensidade do sinal de hibridação, é como distinguir as diferenças na intensidade de hibridação devidas à abundância da população das devidas à divergência de sequências. Uma solução possível é efetuar a hibridação de microarranjos em condições de rigor variável. Com base nas relações entre a intensidade do sinal, a divergência das sequências, a temperatura de hibridação e as condições de lavagem, deve ser possível distinguir, até certo ponto, as contribuições da abundância da população e da divergência das sequências para a intensidade da hibridação (Wu *et al.*, 2001). Por exemplo, Wu et al. (2001) mostraram que a cerca de 55-608C, a divergência de sequência teve pouco ou nenhum efeito na intensidade do sinal para genes amoA com mais de 80% de identidade com o DNA alvo marcado. Isso sugere que, nessas condições de hibridização, o efeito da divergência de sequência na intensidade do sinal é insignificante para genes com .80% de identidade de sequência; portanto, quaisquer diferenças significativas na intensidade do sinal são provavelmente devidas a diferenças na abundância da população.

Outra solução possível para este problema é utilizar microarrays que contenham sondas extremamente específicas para a população-alvo de interesse, como as utilizadas em microarrays de oligonucleótidos.

5. Aplicações

Os FGAs para a deteção microbiana estão ainda em fase de desenvolvimento, pelo que as suas aplicações estão ainda a ser exploradas. Para demonstrar a aplicabilidade dos microarrays de ADN na análise de comunidades microbianas, Wu et al. (2001) utilizaram FGAs para analisar a distribuição de populações microbianas desnitrificantes e nitrificantes em amostras de sedimentos marinhos e de solo. O protótipo de FGA revelou diferenças na distribuição aparente das famílias de genes nirS, nirK e amoA/pmoA em amostras de sedimentos e de solo. Recentemente, um microarray de oligonucleótidos de 70 mers contendo 64 genes nirS (14 de microrganismos cultivados e 50 de clones ambientais) foi avaliado para estudar a diversidade genética funcional no sistema Choptank River-Chesapeake Bay (Taroncher-Oldenburg *et al.*, 2003). Foram observadas diferenças significativas nos padrões de hibridação entre as amostras de sedimentos de duas estações no rio Choptank. As alterações na população de desnitrificadores contendo nirS podem ter sido causadas por diferenças de salinidade, azoto inorgânico e carbono orgânico dissolvido entre estas duas estações.

Até à data, foram efectuados estudos muito limitados para avaliar a especificidade, a sensibilidade, a divergência de sequências e a quantificação de microarrays de ADN para aplicações ambientais. Embora esta ferramenta seja potencialmente valiosa para estudos ambientais, é necessário um maior desenvolvimento, especialmente para melhorar a sensibilidade, a quantificação e o significado biológico de uma especificidade detetável, antes de poder ser amplamente utilizada e interpretada de forma significativa no contexto da ecologia microbiana.

Matrizes filogenéticas de oligonucleótidos

Os genes de ARN ribossómico são moléculas poderosas para o estudo das relações filogenéticas entre diferentes organismos e para a análise da estrutura das comunidades microbianas em ambientes naturais, porque estes genes existem em todos os organismos e contêm regiões altamente conservadas e altamente variáveis, que são úteis para diferenciar microrganismos a diferentes níveis taxonómicos (por exemplo, reino, filo, família, género, espécie e estirpe). Existe uma base de dados muito vasta de genes de ARN ribossómico (http://www.cme.msu.edu), o que os torna moléculas ideais para o desenvolvimento de ferramentas de deteção baseadas em microarranjos. Além disso, as células têm geralmente várias cópias de genes de ARNr, e a maioria (.95%) do ARN total isolado das amostras é ARNr. Consequentemente, a sensibilidade da deteção será mais elevada para os genes de rRNA do que para os genes funcionais. Por conseguinte, os genes do rRNA são alvos muito úteis para o desenvolvimento de abordagens de deteção baseadas em microarray.

Os microarranjos de oligonucleótidos que contêm informações dos genes rRNA são designados microarranjos de oligonucleótidos filogenéticos (POA), porque esses microarranjos são utilizados principalmente para a análise filogenética de comunidades microbianas. Os POAs podem ser construídos para diferentes taxa filogenéticos e utilizados em estudos de análise de comunidades microbianas. As sondas de oligonucleótidos podem ser concebidas num quadro filogenético para estudar diferentes níveis de conservação de sequências, desde sequências altamente conservadas que dão origem a agrupamentos taxonómicos amplos até sequências hipervariáveis que dão origem a agrupamentos ao nível do género e, potencialmente, da espécie. Uma vez que estão disponíveis primers universais altamente conservados para amplificar os genes rRNA, a hibridação baseada em POA pode ser facilmente associada à amplificação por PCR, permitindo assim a implementação de ensaios altamente sensíveis.

1. Desafios das matrizes de oligonucleótidos pliogenéticos

Os microarrays de oligonucleótidos não baseados no gene rRNA têm sido utilizados com êxito para monitorizar a expressão genética em todo o genoma (por exemplo, Lockhart *et al.*, 1996; de Saizieu *et al.*, 1998) e detetar polimorfismos genéticos (por exemplo, Wang *et al.*, 1998). Em contrapartida, as matrizes de oligonucleótidos baseadas no gene rRNA apresentam alguns desafios técnicos únicos no que respeita à especificidade e sensibilidade da hibridação (Zhou e Thompson, 2002; Zhou, 2003).

Especificidade. Uma vez que os genes do rRNA são altamente conservados e estão presentes em todos os microrganismos, a deteção específica com microarrays de oligonucleótidos orientados para o rRNA pode ser difícil. Em primeiro lugar, o comprimento da sonda e o teor de G þ C podem afetar significativamente a hibridação do microarray (Guschin *et al.*, 1997a). Em segundo lugar, a seleção da sonda é limitada pelas diferenças de sequência entre os genes-alvo, e a hibridação cruzada pode ser um problema. Os microarrays de oligonucleótidos contêm normalmente muitas sondas. Idealmente, todos os oligonucleótidos devem ter uma cinética de fusão semelhante ou idêntica, de modo a que todas as sondas num elemento de matriz possam ser sujeitas às mesmas condições de hibridação de uma só vez. Isto pode ser difícil de conseguir, porque a temperatura de fusão depende do comprimento e da composição da sonda de oligonucleótidos, bem como das moléculas de 16S rRNA alvo nas amostras. Estrutura secundária. A hibridação de sondas de oligonucleótidos com ácidos nucleicos alvo que possuam estruturas secundárias estáveis pode ser particularmente difícil, uma vez que são necessárias condições de baixa estringência (ou seja, temperaturas de hibridação entre 0-308C) para a associação estável de um ácido nucleico alvo longo com uma sonda de oligonucleótidos curta imobilizada (Drobyshev *et al.*, 1997; Guschin *et al.*, 1997a, b; Southern *et al.*, 1999). Qualquer estrutura secundária estável do ADN ou ARN alvo tem de ser ultrapassada para que as regiões de sequência complementar fiquem disponíveis para a formação do duplex. A estrutura secundária estável do SSU rRNA terá efeitos graves na especificidade da hibridação e na sensibilidade da deteção.

2. Especificidade e sensibilidade

Num estudo realizado por Guschin et al. (1997a), foram construídos microarrays de oligonucleótidos em gel-pad utilizando oligonucleótidos complementares às sequências SSU rRNA de géneros-chave de bactérias nitrificantes. Os resultados mostraram que era possível obter uma deteção específica com este tipo de microarray. No entanto, a especificidade da sonda depende de vários factores, como o comprimento da sonda. Guschin et al. (1997a) demonstraram que, à medida que o comprimento da sonda de oligonucleótidos aumenta, perde-se a discriminação de incompatibilidades; inversamente, à medida que o comprimento da sonda diminui, a intensidade do sinal de hibridação (ou seja, a sensibilidade) é sacrificada. Um estudo recente demonstrou que os microarrays de oligonucleótidos baseados em pastilhas de gel também podiam ser utilizados para distinguir entre B. thuringiensis e B. subtilis (Bavykin *et al.*, 2001). Utilizando microarrays bidimensionais com base em vidro, Small et al. (2001) detectaram bactérias redutoras de metais como Geobacter chapellei e Desulfovibrio desulfuricans. A vantagem potencial das sondas de oligonucleótidos é que as sequências-alvo que contêm incompatibilidades de base única podem ser diferenciadas por hibridação de microarranjos. No entanto, isto ainda não foi totalmente demonstrado com sondas baseadas no gene SSU rRNA. Para determinar sistematicamente se é possível obter uma discriminação de incompatibilidade única para os genes SSU rRNA utilizando a hibridação de microarranjos, construímos um modelo de microarranjo de oligonucleótidos que consiste em sondas derivadas de três regiões diferentes da molécula SSU rRNA correspondentes a diferentes taxa bacterianos (X. Zhou e J. Zhou, dados não publicados). As sondas apresentavam 1-5 desvios em diferentes combinações ao longo do comprimento da sonda de oligonucleótidos, com pelo menos um desvio na posição central.

A intensidade do sinal de hibridização com uma única base incompatível diminuiu 10 a 30%, dependendo do tipo de base nucleotídica incompatível. A intensidade do sinal das sondas com dois pares de bases incompatíveis era de 5 a 25% da intensidade das sondas de correspondência perfeita. As sondas com três ou quatro pares de bases não correspondentes produziram intensidades de sinal que foram 5% das sondas de correspondência perfeita. A discriminação e a intensidade de sinal máximas foram alcançadas com sondas de 19 bases. Estes resultados indicaram que a discriminação de uma única base para os genes SSU rRNA pode ser obtida com hibridação de matriz baseada em lâmina de vidro, mas a discriminação completa parece ser problemática com os genes SSU rRNA (Bavykin *et al.*, 2001; Small *et al.*, 2001; Urakawa *et al.*, 2002). Urakawa et al. (2002) demonstraram que as incompatibilidades terminais e quase terminais de pares de bases simples têm um efeito significativo na intensidade do sinal de hibridação. Com microarrays de oligonucleótidos baseados no gene SSU rRNA, o nível de sensibilidade de deteção obtido com o gene 16S rRNA de G. chapellei é de cerca de 0,5 mg de ARN total extraído dos solos (Small *et al.*, 2001).

3. Aplicações

Tal como acontece com todas as matrizes desenvolvidas para aplicações ambientais, as matrizes de oligonucleótidos baseadas no gene SSU rRNA estão ainda numa fase inicial de desenvolvimento e, por conseguinte, apenas alguns estudos aplicaram as POA à análise da estrutura microbiana no contexto de amostras ambientais. Utilizando a tecnologia Affymetrix baseada em fotolitografia, Wilson et al. (2002) conceberam um chip genético (microarray) com 31 179 sondas de oligonucleótidos de 20 mers específicos para os genes SSU rRNA. Todas as sondas são derivadas de uma pequena região do gene SSU rRNA (ou seja, as posições 1409 a 1491 de E. coli), que é ligada em ambas as extremidades por segmentos universalmente conservados. O chip genético também continha sequências de controlo, que foram emparelhadas com as sequências da sonda. Uma sequência de controlo era idêntica à sequência de sonda emparelhada, exceto no caso de haver um nucleótido incompatível na posição 11th . Assim, o chip genético continha um total de 62.358 caraterísticas. O número de sondas para sequências individuais contidas no Ribosomal Database Project (RDP versão 5.0, com cerca de 3200 sequências) varia entre 0 e 70. Foi utilizado um total de 17 culturas bacterianas puras para avaliar o desempenho deste chip genético, tendo sido identificadas corretamente 15 espécies bacterianas. Rudi et al. (2000) construíram um pequeno microarray com 10 sondas SSU rRNA derivadas de cianobactérias e utilizaram-no para analisar a presença e a abundância destes organismos em lagos com baixa e alta biomassa. As sondas eram específicas para as culturas analisadas, e foram obtidos perfis de abundância reprodutíveis com estas amostras de lagos. Foram observadas correlações qualitativas relativamente boas entre a diversidade da comunidade e os dados hidroquímicos padrão, mas os níveis de correlação foram mais baixos para os dados quantitativos.

Loy et al. (2002) desenvolveram um microarray contendo 132 sondas oligonucleotídicas orientadas para o SSU rRNA, que representavam todos os grupos reconhecidos de procariotas redutores de sulfato. As hibridizações de microarray com 41 estirpes de referência mostraram que, nas condições de hibridização utilizadas, foi obtida uma discriminação clara entre sondas perfeitamente combinadas e não combinadas para a maioria, mas não para todas as 132 sondas. Este microarray foi utilizado para determinar a diversidade de procariotas redutores de sulfato em bolsas dentárias periodontais e num tapete de cianobactérias hipersalinas. Os resultados da hibridação do microarray foram consistentes com os obtidos utilizando métodos moleculares convencionais bem estabelecidos. Estes resultados sugerem que a hibridização de microarranjos é uma ferramenta poderosa na análise da estrutura da comunidade, mas é necessária muita cautela na interpretação dos dados devido ao potencial de hibridização cruzada.

Matrizes do genoma comunitário

Décadas de investigações científicas levaram ao isolamento de muitos microrganismos de uma variedade de habitats naturais. No entanto, pouco ou nada se sabe sobre as sequências genómicas da maioria destes microrganismos. Uma coleção tão grande de culturas puras deveria ser muito útil para monitorizar a estrutura e a composição da comunidade microbiana em ambientes naturais. Para explorar este recurso, foi desenvolvido e avaliado no meu laboratório (o de Zhou) um novo protótipo de microarray contendo ADN genómico completo, denominado community genome array (CGA).

A CGA é concetualmente análoga à sondagem reversa do genoma da amostra (RSGP) baseada em membrana (Voordouw, 1998), mas a hibridação CGA é nitidamente diferente da RSGP em termos do substrato de disposição e das estratégias de deteção do sinal. Em contraste com a RSGP, a CGA utiliza uma superfície não porosa (isto é, vidro) para o fabrico e a deteção baseada na fluorescência. A capacidade de miniaturização exacta e precisa com robôs em substratos não porosos é um dos dois principais avanços das tecnologias genómicas baseadas em microarrays. O formato miniaturizado dos microarray, associado à deteção por fluorescência, representa uma revolução fundamental na análise biológica. Tal como o RSGP, a principal desvantagem do CGA é o facto de apenas poderem ser monitorizados os componentes cultivados de uma comunidade, uma vez que a construção exige a disponibilidade de isolados puros individuais, embora a hibridação baseada no CGA não exija a cultura (Voordouw, 1998).

Com os recentes avanços na genómica ambiental, o ADN de elevado peso molecular de microrganismos não cultivados pode ser acedido através de cromossomas artificiais bacterianos (BAC). Os clones BAC também podem ser utilizados para fabricar CGAs, permitindo assim a investigação de componentes não cultivados de uma comunidade microbiana complexa. Nas secções seguintes, descreveremos brevemente o desempenho da hibridação baseada em CGA em termos de especificidade, sensibilidade e quantificação.

1. Especificidade

Para examinar a especificidade da hibridação em condições experimentais variáveis e para determinar os níveis limiares de diferenciação genómica, foi fabricado um protótipo de microarray que continha ADN genómico isolado de 67 microrganismos ambientais representativos diferentes, classificados como a-, b- e g-proteobactérias e bactérias Gram-positivas. Muitas das espécies selecionadas estão estreitamente relacionadas entre si com base nas filogenias dos genes SSU rRNA e gyrB e pertencem principalmente a três géneros bacterianos principais (Pseudomonas, Shewanella e Azoarcus). O conteúdo de G þ C dos genomas varia de 37 a 69,3%. Ajustando a temperatura de hibridação e a concentração de aditivos como a formamida (que aumenta o rigor da hibridação), foi possível obter diferentes níveis de diferenciação filogenética utilizando os CGAs. Por exemplo, em condições de hibridação de 558C e 50% de formamida, foram obtidos sinais fortes para ADN genómico de espécies correspondentes ao alvo marcado. Foi observada pouca ou nenhuma hibridação cruzada (~0-4%) para espécies não-alvo, bem como para controlos negativos (genes de levedura), indicando assim que é possível obter uma diferenciação específica da espécie com CGAs nas condições de hibridação utilizadas. No entanto, diferentes estirpes de Pseudomonas stutzeri, Azoarcus tolulyticus, Bacillus methanolicus e algas Shewanella não puderam ser claramente distinguidas nestas condições (Wu *et al.,* não publicado). Aumentando ainda mais a temperatura de hibridação (65 e 758C), foi obtida uma diferenciação ao nível da estirpe para estirpes de Azoarcus estreitamente relacionadas (Wu *et al.*, não publicado).

Devido à natureza complexa da hibridação de microarranjos, é improvável que tais ensaios eliminem completamente algum grau de hibridação com estirpes não-alvo. A questão central é como distinguir os verdadeiros sinais de hibridação do ruído de fundo não específico. Uma abordagem comum é determinar SNRs e descartar valores abaixo de um determinado valor limite. Os nossos estudos mostraram que a SNR média para hibridações com espécies diferentes dentro de um género é de cerca de 3,35^A 0,32, o que é substancialmente inferior às hibridações com estirpes diferentes da mesma espécie. Este valor está muito próximo do valor limite comummente utilizado (SNR % 3,0).

Os CGAs podem ser utilizados para determinar a distância genética entre diferentes bactérias aos níveis taxonómicos de espécie e estirpe. Foram observadas relações lineares significativas entre os rácios de hibridação CGA e os valores de semelhança das sequências derivados dos genes SSU rRNA e gyrB, da reassociação ADN-ADN ou dos perfis de impressão digital REP- e BOX-PCR (r 2 ¼ 0,80 20,95), o que sugere que os CGAs podem fornecer informações significativas sobre as relações entre estirpes estreitamente relacionadas. Devido à sua elevada capacidade, é possível construir CGAs contendo estirpes de tipo bacteriano e estirpes adequadamente relacionadas. Ao hibridar o ADN genómico de estirpes desconhecidas com este tipo de microarray, deverá ser possível identificar de forma rápida e fiável estirpes desconhecidas, desde que exista uma sonda adequadamente relacionada no array. Quando se utilizam CGAs para a identificação de estirpes, devem utilizar-se primeiro condições de hibridação menos rigorosas (por exemplo, 458C e 50% de formamida) para garantir a obtenção de bons sinais de hibridação para espécies-alvo relacionadas com distâncias muito pequenas. Se várias sondas apresentarem uma hibridação significativa com as estirpes-alvo desconhecidas, devem então ser utilizadas condições de hibridação altamente rigorosas.

Em comparação com a abordagem tradicional de reassociação ADN-ADN, os CGAs têm várias vantagens para determinar o parentesco entre espécies. Uma vez que muitos genomas bacterianos podem ser depositados em lâminas de microarray, as tediosas e laboriosas hibridações aos pares associadas à abordagem tradicional de reassociação ADN-ADN entre espécies diferentes não são necessárias com CGAs. Em contraste com a abordagem tradicional de reassociação ADN-ADN, que geralmente requer cerca de 100 mg de ADN, a hibridação baseada em CGA requer apenas cerca de 2 mg de ADN genómico. Isto é importante para determinar as relações entre espécies bacterianas que são recalcitrantes ao cultivo ou que crescem muito lentamente.

2. Sensibilidade e potencial quantitativo

Para determinar a sensibilidade de deteção dos CGAs, o ADN genómico de uma cultura bacteriana pura foi marcado com fluorescência e hibridado com o CGA em diferentes concentrações. Em condições de hibridação rigorosas (isto é, 65°C), o limite de deteção com ADN genómico puro marcado aleatoriamente foi estimado em cerca de 0,2 ng, ao passo que concentrações de ADN genómico de 0,1 ng eram dificilmente detectáveis acima dos níveis de fundo (Wul *et al.*, não publicado). O nível de sensibilidade de deteção do CGA deve ser suficiente para muitos estudos em ecologia microbiana. A sensibilidade de deteção foi aproximadamente 10 vezes superior à dos FGAs baseados no ADN e cerca de 100 vezes superior à dos FGAs de 50 mers.

Estes resultados eram esperados, uma vez que as sondas CGA representam genomas inteiros e não um único gene. A capacidade da hibridação CGA para servir como ferramenta quantitativa foi explorada examinando a relação entre a concentração de ADN alvo marcado e a intensidade do sinal de hibridação. O potencial quantitativo foi determinado utilizando ADN genómico marcado de uma única cultura pura e de 16 bactérias-alvo representando diferentes géneros e espécies. Em ambos os casos, foram observadas fortes relações lineares entre a intensidade da fluorescência e a concentração de ADN dentro de uma determinada gama de concentrações (r 2 ¼ 0,92 2 0,95) (Wu *et al.*, não publicado). Os resultados indicam que os CGA podem ser utilizados para a análise quantitativa de microrganismos em amostras ambientais. A caraterística quantitativa do CGA é semelhante à dos FGAs baseados em ADN e oligonucleótidos (Wu *et al.*, 2001; Tiquia *et al.*, não publicado).

9.1. Identificação de espécies de *Kitasatospora* em solos florestais

Foram desenvolvidos microarrays filogenéticos de oligonucleótidos para estudar a diversidade e a estrutura da comunidade de determinados grupos filogenéticos no ambiente. Recentemente, foi concebido um microarray para estudar particularmente o género Kitasatospora, pertencente aos actinomicetos (Gunther *et al.*, 2006). Kitasatospora, que está estreitamente relacionado com o género Streptomyces, é também conhecido pela produção de metabolitos secundários interessantes com novas estruturas químicas e actividades biológicas com elevado potencial de aplicação.

Foi desenvolvido um método de microarray de oligonucleótidos para a deteção de espécies de Kitasatospora em amostras de solo. A sequência do espaçador transcrito interno (ITS) 16S-23S rDNA destes actinomicetos produtores de antibióticos foi aplicada para conceber sondas de oligonucleótidos curtos. Foram sintetizados dois 26-mers diferentes, específicos para cada espécie utilizada. Além disso, foram concebidas quatro sondas de oligonucleótidos para avaliar o sistema. Os oligonucleótidos foram colocados em lâminas do sistema de microarray ArrayTube® e examinados com uma nova técnica de deteção de marcação com prata. Antes da análise de hibridação, o rDNA 16S-23S foi amplificado por reação em cadeia da polimerase, tanto a partir de células bacterianas como de amostras ambientais, utilizando dois iniciadores específicos para actinomicetos com uma marcação de biotina a 5'. As estirpes-tipo de oito espécies de *Kitasatospora* incluídas neste estudo foram K. phosalacinea DSM 43860, K. setae DSM 43861, K. cochleata DSM 41652, K. cystarginea

DSM 41680, K. azatica DSM 41650, K. mediocidica DSM 43929, K. paracochleata DSM 41656 e K. griseola DSM 43859.

Os primers específicos para actinomicetos mostraram amplificar toda a região ITS 16S-23S rDNA de todas as estirpes testadas. Mais importante ainda, a técnica descrita permite a deteção de estirpes de *Kitasatospora* a partir de amostras de solo através da extração de ADN metagenómico seguida de um passo de amplificação por PCR. Isto indica que o método de microarray de oligonucleótidos desenvolvido neste estudo é uma ferramenta fiável para a deteção de espécies de *Kitasatospora* em amostras ambientais (Gunther *et al.*, 2006).

A identificação de membros do género *Kitasatospora* a partir de amostras de solo foi introduzida para avaliar a ocorrência de potenciais produtores naturais de compostos em diferentes habitats. A hibridação de microarranjos envolve normalmente a amplificação por PCR do ADN alvo. Uma vez que a PCR pode levar a uma amplificação tendenciosa, uma técnica de diagnóstico de microarray de *Kitasatospora* foi melhorada por um protocolo sem amplificação por PCR antes da hibridação. O método de hibridação avançado descrito utilizou oligonucleótidos de chaperona para co-hibridação direta com ADN genómico numa matriz de microarray de oligonucleótidos com leitura ótica (Gunther *et al.*, 2008)

9.2. Deteção de *Rhodocyclales* no solo

A implementação de um sistema de amplificação por PCR *seletivo para "Rhodocyclales"* recentemente concebido antes da hibridação do microarray melhorou consideravelmente a sensibilidade do RHC-PhyloChip, permitindo assim a deteção de populações de *"Rhodocyclales"* com abundâncias relativas inferiores a 1% de todas as bactérias (conforme determinado por hibridação in situ por fluorescência) nas lamas activadas. Foi desenvolvido um microarray de oligonucleótidos baseado no gene 16S rRNA, constituído por 79 sondas de 18 mers que visam diferentes níveis filogenéticos da ordem *Rhodocyclales* de Betaproteobacteria (Loy *et al.*, 2002). Os membros desta ordem compreendem um grupo de bactérias fisiologicamente versáteis, muitas delas responsáveis pela remoção de compostos antropogénicos no ambiente, incluindo *Azoarcus, Dechloromonas* e *Azospira*, que são conhecidas pelas suas capacidades de degradação (Mechichi *et al.*, 2002). Outros membros de *Rhodocyclales*, como as espécies de *Azoarcus*, vivem em associação com gramíneas, onde fixam azoto. O microarray de *Rhodocyclales* foi até agora aplicado na análise da diversidade de uma lama activada proveniente de um tratamento de águas residuais industriais (Loy *et al.*, 2002), mas poderá ter aplicações futuras na análise de populações microbianas do solo. Além disso, foi desenvolvido um protótipo de um microarray taxonómico baseado no 16S rRNA, que contém 122 sondas dirigidas a bactérias de vários níveis taxonómicos, desde filos a espécies pertencentes principalmente a Alphaproteobacteria (Sanguin *et al.*, 2005). O conjunto foi validado utilizando uma série de estirpes bacterianas como alvos de hibridação, bem como analisando a diversidade de Agrobacterium na rizosfera do milho e comparando os resultados do microarray com os obtidos pela análise de bibliotecas de clones. Dado que as alfa-proteobactérias desempenham um papel importante na interação com as plantas, um microarray deste tipo poderá ser muito útil para compreender a ecologia dos microrganismos associados às plantas, em especial se for alterado com sondas para outros filos relevantes.

Foi concebido um novo par de iniciadores para a amplificação selectiva de um fragmento de 1,3 kb do gene 16S rRNA de espécies *de Burkholderia* antes da análise por microarray. O desempenho diagnóstico do microarray para a identificação e diferenciação de espécies de *Burkholderia* foi testado com 44 estirpes de referência dos géneros *Burkholderia, Pandoraea, Ralstonia* e *Limnobacter*. Os padrões de hibridação baseados na presença/ausência de sinais de sonda foram interpretados de forma semi-automática utilizando a nova estratégia baseada na verosimilhança da ferramenta Web Phylo-Detect. Oitenta e oito por cento das estirpes de referência foram corretamente identificadas ao nível da espécie. O microarray avaliado foi aplicado para investigar mudanças na estrutura da comunidade *Burkholderia* em solo florestal ácido após a adição de cádmio, uma condição que selecionou espécies de *Burkholderia*. Os resultados do microarray estavam de acordo com os obtidos a partir da análise filogenética das sequências do gene 16S rRNA *de Burkholderia* recuperadas do mesmo solo contaminado com cádmio, demonstrando o valor do phylochip de *Burkholderia* para estudos determinantes e ambientais (Schonmann *et al.*, 2009).

9.3. Geochip e Phylochip em estudos ecológicos microbianos do solo

O geochip e o phylochip ganharam importância na previsão direta e indireta de várias funções ambientais. Por exemplo, durante a bioestimulação do urânio em águas subterrâneas, a dinâmica da comunidade microbiana foi associada a processos funcionais e, em estudos sobre o aquecimento global, a resposta microbiana à estrutura genética funcional foi possível graças à utilização do GeoChip. O PhyloChip, por outro lado, fornece um estudo mais abrangente da diversidade, composição e estrutura microbianas e é menos suscetível à influência da dominância na comunidade microbiana (S.A Brempong., 2012).

a) Geochip

O GeoChip é constituído por uma lâmina de vidro que contém milhares de sondas de oligonucleótidos ligados (com cerca de 40 a 70 mers de comprimento) que visam genes que conferem uma função específica ao microrganismo. Deste modo, é possível monitorizar os níveis de milhares de genes funcionais em simultâneo, obtendo-se assim uma janela para a função da comunidade microbiana do solo de uma amostra ambiental. Até à data, os GeoChips 2 e 3 foram desenvolvidos para estudos ecológicos microbianos do solo. O GeoChip 2.0 contém mais de 24 000 sondas que abrangem mais de 10 000 genes distribuídos por mais de 150 grupos funcionais envolvidos no ciclo do azoto, do carbono e do enxofre, na utilização do fósforo, na resistência aos metais, na redução de metais e na degradação de contaminantes orgânicos (He *et al.*, 2007).

O GeoChip 2.0 é útil para estudar os processos biogeoquímicos e as actividades funcionais das comunidades microbianas, o que é importante para a saúde humana, a agricultura, a energia, as alterações climáticas globais, a gestão dos ecossistemas e a limpeza e recuperação ambiental. Uma vez que as matrizes contêm sondas de genes com funções biológicas conhecidas, são úteis para associar a diversidade microbiana aos processos e funções do ecossistema. O GeoChip 3.0 tem cerca de 28 000 sondas que abrangem 57 000 variantes de genes de 292 famílias de genes funcionais envolvidas nos ciclos do carbono, azoto, fósforo e enxofre, no metabolismo energético, na resistência aos antibióticos, na resistência aos metais e na degradação de contaminantes orgânicos. Tem várias outras caraterísticas distintas e uma delas é o gene gyrB para análise filogenética (He *et al.*, 2010). O gene gyrB codifica o gene da subunidade P da DNA girase, que tem sido utilizado para diferenciar espécies/estirpes estreitamente relacionadas. A árvore filogenética baseada no gene gyrB resulta numa resolução maior do que uma árvore baseada no gene 16S rRNA.

b) Phylochip

O PhyloChip é constituído por uma lâmina na qual estão fixadas milhares de sondas de oligonucleótidos (com cerca de 50 mers de comprimento) dos genes 16S rRNA. O microarray PhyloChip permite ao biólogo molecular monitorizar os níveis de genes 16S rRNA (milhares deles) simultaneamente, dando assim uma "imagem interna" da comunidade microbiana numa amostra ambiental como o solo. O PhyloChip (G2) é constituído por 506 944 caraterísticas de sonda e, destas caraterísticas, 297 851 são sondas de oligonucleótidos de combinação perfeita ou de combinação incorrecta (MM) de genes 16S rRNA. Dependendo do tipo de conjunto de sondas utilizado, o PhyloChip pode permitir a deteção paralela de até vários milhares de estirpes microbianas, espécies, géneros ou grupos taxonómicos superiores numa única experiência. A deteção paralela de numerosos genes 16S rRNA torna o PhyloChip útil para estudos ambientais de grupos microbianos filogeneticamente diversos.

Numa variedade de ambientes, tais como locais contaminados (ar, água, solo), o PhyloChip tem sido utilizado para detetar microrganismos. Além disso, o PhyloChip pode detetar um número muito maior de taxa bacterianos em comparação com a abordagem da biblioteca de clones baseada no gene 16S rRNA, o que sugere que o PhyloChip permite efetuar levantamentos mais completos da diversidade, composição e estrutura microbianas. Além disso, estas abordagens baseadas em microarranjos são menos susceptíveis à influência da dominância nas comunidades microbianas, em que as sequências dos membros mais abundantes ocultam a presença de outros taxa numericamente significativos e de espécies raras. O PhyloChip tem sido considerado uma ferramenta poderosa para analisar de forma abrangente e rápida as comunidades microbianas.

9.4. Utilidade do Geochip em amostras ambientais

O GeoChip é uma ferramenta ideal para dissecar a estrutura funcional da comunidade microbiana tanto em ambientes naturais como contaminados. Utilizando o GeoChip 2.0, Liang *et al.* (2011) descobriram uma elevada abundância de genes envolvidos na degradação de contaminantes orgânicos num local contaminado por petróleo, indicando o potencial de biodegradação dos microrganismos indígenas para a degradação de contaminantes de petróleo. Além disso, a existência de genes-chave nesse sítio contaminado (como os genes que codificam a monooxigenase do alcano e a dioxigenase do benzeno) envolvidos na degradação de hidrocarbonetos em todo o sítio contaminado por petróleo implicava que a estimulação de microrganismos indígenas poderia ser uma opção válida para a reparação de sítios contaminados por petróleo.

9.5. Estudos de redução de urânio utilizando Geochip

He *et al.* (2007) monitorizaram a dinâmica da comunidade microbiana em águas subterrâneas submetidas a bioestimulação *in-situ* para redução de urânio, utilizando o GeoChip. Os seus resultados mostraram que o GeoChip é capaz de revelar diferenças na comunidade microbiana e que pode seguir os processos de bioremediação para ligar as populações microbianas a processos funcionais. Durante o período de redução do urânio, as populações de FeRB (bactérias redutoras de ferro) e SRB (bactérias redutoras de sulfato) atingiram os seus níveis mais elevados, seguindo-se uma diminuição gradual ao longo de 500 dias. Consequentemente, o urânio nas águas subterrâneas e nos sedimentos reduziu-se e, assim, as concentrações de urânio nas águas subterrâneas diminuíram. Porque as FeRB do tipo Geobacter e algumas SRB podem utilizar o U(VI) como acetor de electrões, obtendo energia para o seu crescimento. As concentrações de urânio nas águas subterrâneas foram significativamente correlacionadas com a abundância total de genes do citocromo do tipo c de FeRB do tipo Geobacter e do tipo Desulfovibrio e com a abundância total de dsrAB (redutase dissimilatória do sulfito). Os resultados experimentais da análise GeoChip sugeriram que a FeRB do tipo Geobacter e a SRB desempenharam papéis significativos na redução do urânio, sugerindo que a remediação do urânio79 utilizando microrganismos indígenas poderia ser uma opção válida em locais fortemente contaminados com urânio.

9.6. Conjunto de genes funcionais em metanotróficos

A compreensão dos factores que influenciam a diversidade e a atividade dos metanotróficos é de grande importância para adaptar as estratégias de remediação ambiental para uma oxidação óptima do metano. Os metanotróficos desempenham um papel essencial na atenuação do efeito de estufa, metabolizando a maior parte do metano produzido, por exemplo, em aterros sanitários. O gene que codifica a monooxigenase do metano particulado (pmo A), a enzima-chave na oxidação do metano, foi escolhido para o desenvolvimento de um microarray para identificar metanotróficos (Bodrossy *et al.*, 2003), bactérias capazes de utilizar o metano como única fonte de carbono e energia. O microarray pmo A melhorado continha 68 sondas (18 - 28 mer) que visavam todos os metanotróficos conhecidos, incluindo membros não cultivados, bem como os genes relacionados da amónio monooxigenase (amo A) de bactérias oxidantes de amónio. O microarray pmo A identificou Methylocystis spp. como dominante e um eficiente oxidador de metano.

Foi aplicado numa experiência em lisímetro (mesocosmos que simulam as condições de um aterro sanitário) para estudar a capacidade de oxidação do metano e a diversidade de metanotróficos (Stralis-Pavese *et al.*, 2011). Esta experiência simulou aterros sanitários com diferentes vegetações vegetais e incluiu também solo nu, bem como lisímetros de controlo sem biogás, a fim de investigar se a vegetação dos aterros sanitários tem potencial para melhorar a oxidação do metano. Como os lisímetros também foram amostrados em cinco profundidades diferentes, a composição da comunidade metanotrófica em mais de 150 amostras foi analisada exaustivamente, revelando uma vantagem competitiva dos metanotróficos do tipo II nas condições aplicadas (Stralis-Pavese *et al.*, 2011). Embora todos os lisímetros com vegetação tenham tido um desempenho muito melhor do que o controlo de solo nu, o melhor desempenho foi identificado em lisímetros onde Methylocystis dominava, indicando uma oxidação eficiente do metano por membros deste género. O microarray pmoA foi também aplicado para analisar produtos de PCR de transcrições de mRNA em amostras selecionadas de lisímetros, detectando metanotróficos do tipo II essencialmente semelhantes; contudo, foi também identificada uma grande diversidade de metanotróficos do tipo Ia, nenhum dos quais tinha sido detectado quando a análise do microarray tinha sido feita a partir do ADN (Bodrossy *et al.*, 2003).

Os microarrays de diagnóstico microbiano (MDM) são plataformas de hibridação altamente paralelas que contêm vários conjuntos de sondas de oligonucleótidos imobilizadas, utilizadas para a deteção e identificação paralelas de muitos microrganismos diferentes em amostras ambientais e clínicas. Cada sonda é aproximadamente específica para um determinado grupo de organismos. Stralis-Pavese *et al* descreveram o protocolo utilizado para desenvolver e validar um método MDM para a semiquantificação de uma gama de genes funcionais - neste caso, a metano monooxigenase particulada (pmoA) - e deram um exemplo da sua aplicação ao estudo da estrutura da comunidade de metanotróficos e bactérias funcionalmente relacionadas no ambiente. O MDM pmoA descrito em pormenor inclui 199 sondas e aborda 50 clados diferentes ao nível das espécies. É possível realizar uma experiência com 24 amostras, desde a extração de ADN até à aquisição de dados (Stralis-Pavese *et al.*, 2011).

9.7. Tecnologia de matrizes e ciclo biogeoquímico

Foram desenvolvidas várias matrizes para abordar os microrganismos e os seus genes envolvidos no ciclo biogeoquímico (Taroncher- Oldenburg *et al.*, 2003). As principais actividades metabólicas abordadas (Fig. 8) incluem a nitrificação (amoA), a desnitrificação (nirK e nirS), a fixação do azoto (nifH) e, em alguns casos, a oxidação do metano (pmoA), bem como a redução do sulfito (dsrAB), tendo estas matrizes de genomas funcionais sido desenvolvidas principalmente para compreender a ecologia microbiana e a biogeoquímica dos sistemas aquáticos (Taroncher-Oldenburg *et al.*, 2003).

Fig. 8. Identificação dos genes envolvidos no ciclo do azoto

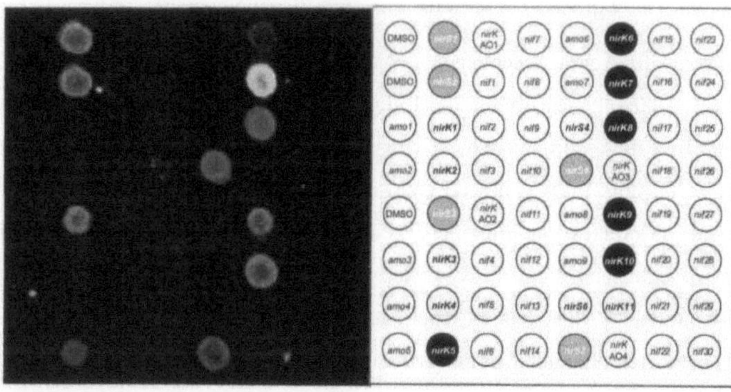

Foi desenvolvida uma matriz de genoma funcional de oligonucleótidos com 70 mers de comprimento para o estudo do ciclo do azoto, contendo sondas nirS, nirK, nifH e amoA (Taroncher- Oldenburg *et al.*, 2003). A fim de estudar a diversidade de diazotrofos de um sedimento marinho, fragmentos do gene nifH amplificados a partir de uma biblioteca de clones foram colocados em membranas de nylon e o macroarray foi aplicado para estudar a variabilidade espacial das comunidades de diazotrofos neste sedimento.

A utilização do conjunto de genes funcionais permitiu compreender as forças que conduzem processos importantes do ciclo terrestre de nutrientes na Antárctida (Yergeau *et al.*, 2007). Na Antárctida, os genes de desnitrificação foram associados a temperaturas do solo mais elevadas e os genes de fixação de N2 foram associados a parcelas com vegetação predominantemente de líquenes. A deteção relativa de genes de degradação da celulose estava correlacionada com a temperatura e os genes de fixação microbiana do carbono estavam mais presentes em parcelas principalmente desprovidas de vegetação. Yergeau *et al.* (2009) também mostraram uma correlação significativa entre a atividade da celulase e o número de variantes do gene da celulase determinado pela matriz de genes funcionais. Num estudo semelhante, Reeve *et al.* (2010) observaram uma correlação significativa entre a intensidade do sinal do gene da celulase e a atividade da celulase no solo (p <

0,01), uma correlação entre a intensidade do sinal do gene da desidrogenase e a atividade da desidrogenase, a intensidade do sinal do gene da urease e a atividade da urease, etc., demonstrando que a matriz de genes funcionais pode, em certa medida, complementar as medições dos processos no solo.

As comunidades microbianas do solo foram examinadas através de uma abordagem de microarray de genes funcionais ao longo de um gradiente latitudinal polar sul, a fim de se obterem informações sobre os factores ambientais que orientam a reciclagem de N e C do solo nos ecossistemas terrestres do Antártico. A abundância e a diversidade das famílias de genes funcionais foram estudadas para as comunidades microbianas do solo que habitam uma gama de ambientes de 51 graus S (temperado frio - Ilhas Falkland) a 72 graus S (deserto de rocha fria - Coal Nunatak).

O conjunto de genes funcionais recentemente concebido contém 24 243 sondas de oligonucleótidos e abrange mais de 10 000 genes em mais de 150 grupos funcionais envolvidos no ciclo do azoto, do carbono, do enxofre e do fósforo, na redução e resistência a metais e na degradação de contaminantes orgânicos (He *et al.,* 2007). Os genes do ciclo do azoto e do ciclo do carbono detectados foram significativamente diferentes em diferentes locais de amostragem e tipos de vegetação. Foram observadas várias tendências significativas relativamente à distribuição de famílias de genes-chave nos ambientes examinados. Por exemplo, a deteção relativa de genes de degradação da celulose estava correlacionada com a temperatura, e os genes de fixação microbiana do C estavam mais presentes em parcelas principalmente desprovidas de vegetação. No que diz respeito ao ciclo do N, os genes de desnitrificação estavam ligados a temperaturas do solo mais elevadas e os genes de fixação do N_2 estavam ligados a parcelas com vegetação de líquenes. Estes resultados baseados em microarranjos foram confirmados para um certo número de famílias de genes utilizando PCR específico em tempo real, ensaios enzimáticos e medições da taxa de processamento. Os resultados apresentados demonstram a utilidade de uma abordagem integrada de microarray de genes funcionais na deteção de mudanças nas propriedades funcionais da comunidade em amostras ambientais e fornecem informações sobre as forças que impulsionam processos importantes do ciclo de nutrientes terrestres no Antártico.

As análises PhyloChip oferecem também a oportunidade de associar a composição da comunidade microbiana a análises da atividade enzimática, da densidade de famílias de genes funcionais e da distribuição de sequências de genes funcionais relacionadas com o ciclo dos nutrientes. É possível utilizar tanto o GeoChip como o PhyloChip numa experiência. Para determinar se a estrutura filogenética da comunidade, baseada na análise PhyloChip, estava relacionada com a distribuição de genes microbianos envolvidos no ciclo de nutrientes, os dados PhyloChip foram comparados com os dados GeoChip. Os resultados mostraram que as comunidades com uma composição de taxa mais semelhante estavam também mais estreitamente relacionadas nos seus genes funcionais, apoiando a noção de que os genes funcionais detectados nos solos estão fortemente ligados à composição da comunidade, tal como determinado pelo gene 16S rRNA. Esta análise fornece provas de uma forte ligação entre a composição e a distribuição dos genes funcionais nos solos do Antártico.

9.8. Microarray de ADN na bioremediação

Foram desenvolvidos outros tipos de microarrays para aplicação em estudos de bioremediação. Um exemplo desse tipo de matriz foi desenvolvido por Rhee *et al.* (2004), que incluía 1662 sondas de 50 mer únicas e específicas de cada grupo, visando a maioria dos genes e vias que se sabe estarem envolvidos na biodegradação e na resistência aos metais. A sua aplicabilidade foi demonstrada em culturas de enriquecimento enriquecidas com naftaleno, bem como em experiências de microcosmos de solo, o solo contendo bifenilos policlorados.

Foi desenvolvida uma variedade de microarrays para aplicação em estudos de bioremediação. Neufeld *et al.* (2006) prepararam uma biblioteca de sequências hipervariáveis do gene 16S rRNA a partir de um composto de solos não contaminados e de solos contaminados com hexaclorociclohexano (HCH) e selecionaram os 100 tipos mais abundantes para serem colocados numa matriz. Os resultados demonstraram que as sondas que visam Gammaproteobacteria desconhecida e membros do género Sphingomonas estavam associadas a concentrações elevadas de HCH, o que implica o envolvimento destas bactérias na degradação do HCH. A matriz mais completa foi desenvolvida por Rhee *et al.* (2004), que inclui 1662 sondas de 50 mers, únicas e específicas de cada grupo, que visam a maioria dos genes e vias que se sabe estarem envolvidos na biodegradação e na resistência aos metais.

A sua aplicabilidade foi demonstrada em culturas de enriquecimento com naftaleno, bem como em experiências de microcosmos com solo contendo hidrocarbonetos poliaromáticos. Denef *et al.* (2004) construíram um microarray com sondas de 45 e 70 mers visando genes envolvidos na degradação de bifenilos policlorados (PCB) e clorobenzoato. Além disso, foi desenvolvido e testado um protótipo de microarray constituído por 64 sondas de fragmentos de genes que visam vários genes microbianos catabólicos e metabólicos conhecidos para a análise da expressão destes genes em comunidades microbianas (Dennis *et al.*, 2003). A indução de dois dos cinco genes catabólicos do ácido 2,4-diclorofenoxiacético (2,4-D) (tfdA e tfdC) de populações de uma estirpe de inoculantes degradadores tão baixa como 105 células ml^{-1} foi claramente detectada contra um fundo de 108 células ml-1 (Dennis *et al.*, 2003).

A constituição genética da comunidade microbiana foi examinada em vários momentos com um Functional Gene Array (FGA) contendo mais de 12.000 sondas para genes envolvidos na degradação orgânica e nos principais ciclos biogeoquímicos. O ADN total da comunidade foi extraído e amplificado utilizando uma técnica isotérmica baseada na polimerase φ29, marcada com o corante Cy5 e hibridizada nas matrizes em formimida a 50% durante a noite a 50°C. A análise de agrupamento revelou perfis comparáveis ao longo do tratamento, sugerindo a seleção precoce de uma comunidade microbiana muito estável. Um total de 270 genes para a degradação de contaminantes orgânicos (incluindo naftaleno, tolueno [aeróbio e anaeróbio], octano, bifenilo, pireno, xileno, fenantreno e benzeno); e 333 genes envolvidos em actividades metabólicas (redutases do nitrito e do óxido nitroso [nirS, nirK e nosZ], redutases dissimilatórias do sulfito [dsrAB], citocromos do tipo C redutores de metais potenciais e metano monooxigenase [pmoA]) foram detectados repetidamente. Os genes para a degradação de MTBE, nitroaromáticos e compostos clorados também estavam presentes, indicando um amplo potencial catabólico da unidade de tratamento. Os FGA's demonstraram o estabelecimento precoce de uma comunidade diversificada com processos aeróbios e anaeróbios simultâneos que contribuem para o processo de bioremediação (Rodriguez-Martmez *et al.,* 2006).

9.9. Phylochip na compostagem

Entre as preocupações relativas ao processo de compostagem e à utilização de composto na agricultura e na horticultura estão a sobrevivência e a propagação de agentes patogénicos animais, humanos e vegetais. Assim, qualquer processo de compostagem deve ser capaz de eliminar qualquer risco para a saúde que possa estar presente no produto final. A tecnologia de microarray oferece um enorme potencial para monitorizar a deteção de agentes patogénicos e de populações microbianas benéficas durante a compostagem, o que ajuda na gestão do composto antes de ser vendido ao público. Foi concebido um microarray que visa as espécies de microrganismos normalmente encontradas no composto e que oferece potencial para a monitorização do processo e a deteção de agentes patogénicos, bem como de micróbios benéficos. Este microarray continha sondas que visavam actinomicetos e outros organismos no processo de compostagem e 35 sondas específicas para outros agentes patogénicos. A utilização deste microarray reduziu as preocupações relativas à utilização de compostos em solos agrícolas e à propagação de agentes patogénicos humanos, animais e vegetais (Franke-Whittle *et al.,* 2005).

Foi desenvolvido um microarray com 369 sondas diferentes do gene 16S rRNA específicas para microrganismos envolvidos no processo de degradação de resíduos orgânicos durante a compostagem. O microarray foi testado com culturas puras e, das 30.258 reacções individuais de hibridação sonda-alvo realizadas, registaram-se apenas 188 sinais falsos positivos (0,62%) e 22 sinais falsos negativos (0,07%). O ADN-alvo marcado foi preparado por amplificação da reação em cadeia da polimerase dos genes 16S rRNA, utilizando um iniciador direto bacteriano universal marcado com Cy5 e um iniciador inverso universal. O microarray COMPOCHIP foi aplicado a três tipos diferentes de composto (composto verde, composto de mistura de estrume e composto de digerido anaeróbio) de diferentes maturidades (2, 8 e 16 semanas), tendo sido observadas diferenças nos microrganismos dos três tipos de composto e nas fases de maturidade. A análise multivariada mostrou que a composição bacteriana dos três compostos era diferente no início do processo de compostagem e tornou-se mais semelhante após a maturação.

Certas sondas (dirigidas a Sphingobacterium, Actinomyces, Xylella/Xanthomonas/Stenotrophomonas, Microbacterium, Verrucomicrobia, Planctomycetes, Low G + C e Alphaproteobacteria) foram mais influentes na discriminação entre diferentes compostos. Os resultados da eletroforese em gel de gradiente desnaturante apoiaram os da análise de microarranjos. Este estudo mostrou que a matriz COMPOCHIP é uma ferramenta adequada para estudar comunidades bacterianas em compostos (Franke-Whittle *et al.*, 2009).

Para analisar as amostras de composto, foi utilizado o microarray COMPOCHIP, com 369 sondas dirigidas a microrganismos que foram anteriormente referidos no processo de compostagem, bem como a agentes patogénicos para as plantas, animais e humanos e a bactérias supressoras de doenças das plantas. A matriz foi marcada com pelo menos três sondas para a maioria dos organismos-alvo, e todas as sondas incluídas no COMPOCHIP foram concebidas para terem temperaturas de fusão semelhantes. As sequências das sondas variavam em comprimento entre 17 e 25 nucleótidos e são referidas em Franke-Whittle *et al.* (2009). A especificidade de todas as sondas foi avaliada in silico, utilizando o programa ARB (Ludwig *et al.*, 2004) e foi testada com ADN extraído de bactérias cultivadas em culturas axénicas. A marcação fluorescente do ADN-alvo, a hibridação em lâminas de microscópio de epóxi revestidas com aldeído, a digitalização e a análise de imagens foram efectuadas conforme descrito por Franke-Whittle *et al.* (2009). Foi efectuada uma análise de componentes principais (PCA) dos dados totais da relação sinal-ruído (SNR) do microarray do estudo, utilizando o CANOCO for Windows 4.5.

9.10. Deteção de agentes patogénicos em águas residuais municipais utilizando microarray

A avaliação da qualidade microbiana da água e a deteção rápida de microrganismos patogénicos continuam a ser grandes desafios na ecotoxicologia, na manutenção da saúde pública e, mais recentemente, na prevenção do bioterrorismo. A principal origem dos agentes patogénicos humanos transmitidos pela água são os intestinos dos seres humanos e dos animais. Os fenómenos de contaminação da água resultam frequentemente de descargas de instalações de tratamento de águas residuais, de sistemas de esgotos sanitários que transbordam, de resíduos que entram nos esgotos domésticos e industriais e do escoamento de matérias fecais de animais durante as tempestades.

As bactérias presentes na água contaminada representam um grupo altamente diversificado. Numerosas *Salmonella* spp, *Escherichia* spp, *Shigella* spp, *Yersinia* spp e *Klebsiella* spp, pertencentes à família Enterobacteriaceae, são agentes patogénicos de origem hídrica encontrados nas águas residuais domésticas. Em particular, as estirpes de Escherichia coli constituem um conjunto importante de agentes patogénicos transmitidos pela água, composto por numerosas estirpes produtoras de toxina Shiga e estirpes enterohemorrágicas (por exemplo, O157: H7) associadas à água potável e de recreio.

Foram desenvolvidos vários métodos baseados em ácidos nucleicos para a deteção rápida de agentes patogénicos nos alimentos, no solo e na água, com elevados graus de sensibilidade e especificidade e sem necessidade de culturas complexas. Em geral, estes métodos permitem a deteção em poucas horas, em vez de dias, como é normalmente exigido pelas técnicas de cultura. Devido à sua elevada sensibilidade e especificidade, a PCR é a ferramenta molecular mais comummente utilizada.

Quadro 1. Especificidade das sondas do gene 23S rRNA para a deteção de agentes patogénicos

Organismo	Grupo específico	Verdadeiro positivo	Verdadeiro negativo	Falso positivo	Falso negativo	Especificidade
Aeromonas hydrophilia	1	1	23	0	0	1
Bacillus cereus	1	1	23	0	0	1
Clostridium perfrigens	1	1	23	0	0	1
Enterococcus faecalis	1	1	23	0	0	1
Escherichia coli	3	1	22	2	0	0.92
Klebsiella pneumoniae	2	1	22	1	0	0.96
Pseudomonas aeruginosa	1	1	23	0	0	1
Salmonella enterica	2	1	23	0	0	1
Staphylococcus aureus	1	1	23	0	0	1

O quadro 1 mostra a especificidade das sondas do gene 23S rRNA para a deteção de agentes patogénicos. Nove estirpes bacterianas foram testadas para microarray de ADN amplificado por PCR em testes separados. O microarray de ADN amplificado utilizou um total de 24 sondas de oligonucleótidos (incluindo sondas de controlo positivas e negativas) para identificar 17 grupos taxonómicos.

Uma das principais limitações desta abordagem é a utilização de um par de iniciadores específicos por reação de deteção de genes. Embora possam ser combinados com sucesso vários conjuntos de iniciadores numa reação, raramente excedem mais de seis conjuntos de iniciadores devido à geração de produtos não específicos ou falsos negativos. Outra dificuldade da PCR multiplex é o facto de exigir uma análise adicional pós-amplificação para discriminar os produtos. A separação de tamanhos por eletroforese é frequentemente utilizada para discriminar os produtos da PCR multiplex, mas isto requer trabalho adicional e que os amplicons de cada reação sejam significativamente diferentes em tamanho, o que pode limitar os pares de primers que podem ser potencialmente multiplexados. Consequentemente, a deteção geral de agentes patogénicos por PCR pode ser trabalhosa e dispendiosa.

Os microarrays representam um avanço importante na tecnologia de deteção molecular, permitindo a deteção simultânea de ADN especificamente marcado de muitos organismos patogénicos diferentes numa pequena lâmina de vidro contendo milhares de sondas de ADN imobilizadas à superfície. Ambos os tipos básicos de microarrays, ou seja, sondas de oligonucleótidos imobilizadas e amplicões de PCR, têm sido utilizados com êxito para detetar e/ou caraterizar agentes patogénicos. Como a sensibilidade dos microarrays hibridizados com ADN genómico total de misturas complexas é geralmente inadequada para a deteção de baixas concentrações de agentes patogénicos, o ADN hibridizado (alvo) consiste geralmente em amplicões de PCR para aumentar a especificidade.

Fig. 9. Imagens de fluorescência do ensaio de microarray de ADN amplificado em agentes patogénicos de águas residuais

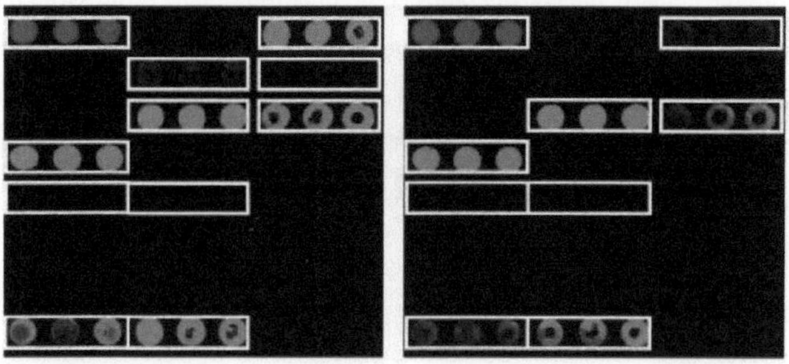

Pos23S-oligo	Neg23S-oligo	Ahyd23S-oligo
Vcho23S-oligo	Bcer23S-oligo	Paero23S-oligo
Efaeci23S-oligo	Eco23S-oligo1	Efaecal23S-oligo
Cper23S-oligo	Eco23S-oligo2	Lpneu23S-oligo
Sflex23S-oligo	Eco23S-oligo3	Lmono23S-oligo
Mpara23S-oligo	Sal23S-oligo1	Hpyl23S-oligo1
Mtube23S-oligo	Sal23S-oligo2	Hpyl23S-oligo2
Kpneu23S-oligo1	Kpneu23S-oligo2	Saur23S-oligo

Pos23S-oligo	Neg23S-oligo	Ahyd23S-oligo
Vcho23S-oligo	Bcer23S-oligo	Paero23S-oligo
Efaeci23S-oligo	Eco23S-oligo1	Efaecal23S-oligo
Cper23S-oligo	Eco23S-oligo2	Lpneu23S-oligo
Sflex23S-oligo	Eco23S-oligo3	Lmono23S-oligo
Mpara23S-oligo	Sal23S-oligo1	Hpyl23S-oligo1
Mtube23S-oligo	Sal23S-oligo2	Hpyl23S-oligo2
Kpneu23S-oligo1	Kpneu23S-oligo2	Saur23S-oligo

Na Fig. 9, imagens de fluorescência do ensaio de microarray de ADN amplificado em agentes patogénicos de águas residuais. Uma porção de genes de ARN ribossómico 23S foi amplificada por PCR utilizando primers universais de eubactérias, marcada fluorescentemente com Cy5 (vermelho, controlo positivo) e Cy3 (verde, amostra de águas residuais), e permitiu a hibridação com a micro matriz. O microarray era composto por 24 sondas de oligonucleótidos concebidas para hibridizar com sequências do gene 23S rRNA exclusivas de cada grupo taxonómico. Os pontos positivos foram identificados a sombreado na tabela da estrutura do subarray. O sinal de hibridação de Sflex23S-oligo (S. flexneri) foi considerado uma reação inespecífica com ADN de E.coli (ver texto para mais pormenores). Todas as sondas foram marcadas em triplicado. (A) Imagem de fluorescência obtida a partir do ensaio de microarray numa amostra de esgoto bruto. (B) Imagem de fluorescência obtida a partir do ensaio de microarray numa amostra de efluente final.

Embora os microarrays de ADN sejam amplamente utilizados para estudos de expressão diferencial e para a deteção de genes de virulência em culturas bacterianas puras, têm-se mostrado promissores para a caraterização de comunidades microbianas complexas, incluindo organismos que requerem condições especiais de cultura, bem como tipos não cultiváveis. Estas caraterísticas são particularmente aplicáveis a comunidades microbianas em amostras marinhas, uma vez que se sabe que estas contêm uma elevada proporção de organismos não cultiváveis.

Os efluentes municipais de águas residuais têm sido raramente monitorizados em relação a agentes patogénicos devido à disponibilidade limitada de ferramentas de deteção rápidas e precisas. Os microarranjos foram recentemente considerados como uma ferramenta promissora para a deteção de agentes patogénicos ambientais. Existem dois tipos diferentes de microarranjos: o microarranjo de ADN genómico (GDM), que permite a caraterização quantitativa da comunidade microbiana através da hibridação direta do genoma microbiano das águas residuais, e o microarranjo de ADN amplificado (ADM), que envolve a amplificação por PCR do 23 s rRNA, a fim de aumentar a sensibilidade da deteção.

9.11. Genómica comparativa

A análise genómica comparativa é utilizada para avaliar as semelhanças e diferenças genéticas entre espécies ou estirpes de organismos estreitamente relacionados. As sequências genómicas de uma espécie bacteriana são colocadas numa matriz e o ADN genómico de espécies ou estirpes estreitamente relacionadas é marcado e hibridado na matriz. Dziejman *et al.* (2002) utilizaram uma matriz de 93% dos genes previstos do agente etiológico do sétimo surto pandémico de *Vibrio cholera* (estirpe El Tor) para diferenciar nove outros isolados de *V. cholera* de diferentes localizações geográficas. Apesar de uma semelhança de 99% entre as estirpes de referência e as estirpes de teste, os isolados da sétima pandemia de V. cholera continham dois grupos de genes únicos que, segundo a hipótese, conferiam propriedades adaptativas que melhoravam a aptidão dos organismos. Foi utilizada uma abordagem semelhante para identificar diferenças genéticas entre uma espécie patogénica e uma espécie não patogénica de Listeria.

9.12. Análise comunitária mista

O objetivo final da análise de matrizes baseadas na comunidade é a caraterização da estrutura e função da comunidade. Em alguns casos, pretende-se a identificação de organismos-alvo, enquanto noutros o objetivo é a caraterização de aspectos funcionais específicos da comunidade. As matrizes baseadas em oligonucleótidos foram utilizadas para identificar sequências de diagnóstico específicas de agentes patogénicos identificados como candidatos a terrorismo biológico, para detetar o 16S rRNA de sequências de Geobacter e Desulfovibrio em extractos de solo não purificados e para avaliar a abundância de cianobactérias em lagos mesotróficos e eutróficos. Mais recentemente, Loy *et al.* desenvolveram uma matriz baseada em oligonucleótidos que visa o 16S rRNA de procariotas redutores de sulfato (SRPs). Foi utilizada uma técnica baseada em PCR para marcar amostras de lagos e amostras periodontais, a fim de obter uma impressão digital da diversidade de SRP.

Também foram utilizadas modificações das matrizes de oligonucleótidos convencionais para caraterizar sequências-alvo em amostras ambientais. Por exemplo, Valinsky *et al.* (2002) dispuseram sequências de 16S rRNA de bibliotecas clonais de solos e hibridizaram-nas utilizando 27 oligonucleótidos discriminantes de 10 mers. A análise de agrupamentos a partir dos perfis de impressão digital de 1536 clones de rDNA de dois solos agrícolas revelou diferenças de composição que podem permitir a correlação de populações bacterianas específicas com determinadas qualidades supressoras de doenças do solo.

9.13. Análises ambientais por microarray das comunidades microbianas do solo antártico

Os ecossistemas antárcticos são fascinantes pela sua complexidade trófica limitada, sendo as funções de decomposição e de ciclo de nutrientes dominadas por actividades microbianas. Além de os habitats antárcticos estarem expostos a condições ambientais extremas, a Península Antárctica está também a sofrer efeitos inigualáveis do aquecimento global. Devido à sua singularidade e ao potencial impacto do aquecimento global nestes sistemas intocados, existe um interesse considerável em determinar a estrutura e a função das comunidades microbianas no Antártico. Por conseguinte, os investigadores utilizaram um microarray de genes 16S rRNA recentemente concebido, o PhyloChip, que visa 8741 taxa bacterianos e arqueanos, para interrogar as comunidades microbianas que habitam solos de campo felpudo com vegetação densa e nua ao longo de um gradiente latitudinal que vai de 51 graus S (Ilhas Falkland) a 72 graus S (Coal Nunatak).

Quadro 2. Análises ambientais de microarray das comunidades microbianas do solo antártico

	Apenas clone (% do total)	Partilhada (% do total)	Apenas o Phylochip (% do total)	Total
FI-vegetado	2 (1.5)	14 (10.5)	117 (88.0)	133
FI-Campo de queda	3 (2.2)	20 (14.9)	111 (82.8)	134
SI	8 (6.7)	10 (8.4)	101 (84.9)	119
SI	8 (6.8)	13 (11.1)	96 (82.1)	117
IA	10 (8.5)	17 (14.5)	90 (76.9)	117
IA	4 (3.2)	11 (8.9)	109 (87.9)	124
FB	16 (27.1)	3 (5.1)	40 (67.8)	59
CN	8 (11.4)	3 (4.3)	59 (84.3)	70
Todos	12 (6.8)	39 (22.2)	125 (71.0)	176

Os resultados indicaram (Quadro 2) uma clara diminuição da diversidade com o aumento da latitude, com os dois locais mais a sul a albergarem as comunidades bacterianas e arqueas mais distintas. A abordagem de microarray revelou-se mais sensível na deteção da amplitude da diversidade microbiana do que as bibliotecas de genes 16S rRNA bacterianos baseadas na reação em cadeia da polimerase de tamanho modesto (aproximadamente 190 clones por biblioteca). Além disso, as intensidades de sinal relativas somadas para filos e famílias no PhyloChip foram significativamente correlacionadas com a ocorrência relativa destes taxa nas bibliotecas de clones.

Os dados PhyloChip foram também comparados com dados de microarray de genes funcionais obtidos anteriormente, destacando numerosas relações significativas e fornecendo provas de uma forte ligação entre a composição da comunidade e a distribuição de genes funcionais nos solos antárcticos. A integração destes dados PhyloChip com outros métodos complementares permite uma compreensão sem precedentes da diversidade microbiana e da estrutura da comunidade dos habitats terrestres da Antárctida (Yergeau E *et al.,* 2009).

9.14. Microarrays na investigação ecológica

A tecnologia de microarray permite aos investigadores monitorizar simultaneamente as alterações nos rácios de expressão (ERs) de centenas de genes, tendo assim revolucionado a maior parte da biologia. Embora esta técnica tenha o potencial de elucidar as fases iniciais da resposta fenotípica de um organismo a interações ecológicas complexas, até à data, não foi totalmente incorporada na investigação ecológica. Isto deve-se, em parte, à falta de procedimentos simples de manuseamento e análise dos dados do rácio de expressão (ER) produzidos a partir de microarrays.

Os microarrays, que oferecem a capacidade de analisar os **rácios de expressão** (ERs) de milhares de genes simultaneamente, representam uma das muitas novas ferramentas produzidas por este esforço. No entanto, nem todas as disciplinas biológicas beneficiaram igualmente desta tecnologia, e a tecnologia de matrizes não foi amplamente adoptada pela comunidade ecológica por uma série de razões. As grandes matrizes de todo o genoma só estão disponíveis para organismos modelo selecionados, o que pode não ser adequado para muitas questões ecológicas. Além disso, a complexidade da sua análise e os custos das soluções de software comercial disponíveis impedem a sua adoção por pequenos grupos de investigação e limitam o número de experiências biológicas que podem ser realizadas mesmo por grupos grandes e mais bem financiados. Matrizes "boutique" - nas quais uma fração mais pequena do transcriptoma, representando normalmente uma seleção (centenas) de genes específicos de uma classe de elementos genéticos ou de tipos de resposta, é facilmente criada para um organismo não-modelo a custos acessíveis a pequenos grupos de investigação.

Um microarray de cDNA é uma ferramenta comparativa que fornece ERs relativos para vários genes a partir de duas amostras de cDNA fluorescente marcadas diferencialmente, preparadas por transcrição inversa de mRNA extraído de amostras de plantas correspondentes. Assim, o procedimento é particularmente útil para a análise das respostas das plantas provocadas pelo ataque de herbívoros: as respostas induzidas de defesa e tolerância das plantas (Karban *et al.*, 1997). Examinamos uma série de desafios práticos que se colocam à adoção de matrizes boutique para a investigação ecológica com ferramentas familiares aos ecologistas, incluindo a normalização do sinal, a utilização de limiares de expressão arbitrários para determinar o significado da expressão, a utilização da variância do sinal dentro e entre matrizes na avaliação do efeito da qualidade e quantidade da sonda e da idade da matriz, bem como a análise e visualização de dados por cluster e Análise de Componentes Principais (PCA).

A tecnologia de microarray fornece uma nova ferramenta com a qual os ecologistas moleculares e os biólogos evolutivos podem estudar os padrões de expressão génica ao nível do genoma dentro de cada espécie e entre espécies. Novas abordagens analíticas baseadas na análise de variância permitirão quantificar as contribuições da variação individual, do genótipo, do sexo, do microambiente, da estrutura populacional e da geografia para a variação da expressão genética. As aplicações desta metodologia são revistas em relação a estudos de mecanismos de adaptação e divergência; delineação de vias e redes de desenvolvimento e fisiológicas; caraterização de parâmetros genéticos quantitativos ao nível da transcrição (genómica quantitativa); dissecção molecular do parasitismo e simbiose; e estudos da diversificação do conteúdo genético. A criação de recursos de microarranjos não é proibitivamente dispendiosa nem tecnologicamente exigente, e o empenhamento no desenvolvimento de métodos de caraterização da expressão genética para organismos não-modelo poderia ter um enorme impacto na investigação molecular e genética na interface da biologia dos organismos e das populações (Gibson, 2002).

Os microarrays estão a começar a ser aplicados à caraterização do perfil de ADN como meio de caraterizar as diferenças genéticas entre isolados e espécies estreitamente relacionadas. O polimorfismo para deleções e inserções pode ser detectado como uma redução ou elevação, respetivamente, da razão de fluorescência observada quando duas amostras diferentes de ADN genómico são marcadas e hibridizadas num microarray constituído por clones genómicos em vez de clones EST.

As comparações de todo o genoma de diferentes estirpes de vários micróbios indicam que o polimorfismo do conteúdo genético não é invulgar (Riley e Serres 2000), reflectindo possivelmente a adaptação a micro-habitats, e dados semelhantes relativos à levedura e a genomas de eucariotas superiores deverão estar brevemente disponíveis. Como alternativa de alto rendimento à sequenciação do genoma, a caraterização do conteúdo do genoma com base em microarray tem o potencial de revelar a existência de clines e outros padrões geográficos de evolução estrutural do genoma.

Outra aplicação notável do perfil do conteúdo de ADN foi a demonstração de que a aneuploidia acompanha a seleção natural numa vasta gama de tipos de células em cultura, desde *Escherichia coli* a linhas de cancro de mamíferos (Hughes *et al.*, 2000). De facto, várias instâncias de aparente co-indução de genes fisicamente adjacentes demonstraram mais tarde resultar da duplicação local dessa porção do genoma.

Trata-se de uma história de precaução no que diz respeito à interpretação das alterações do perfil de expressão e de uma história de esperança no que diz respeito ao potencial de caraterização dos mecanismos de adaptação e oncogénese. Do mesmo modo, os microarrays podem ser utilizados para traçar o perfil da heteroplasmia e das taxas de fixação dos rearranjos no ADN mitocondrial das células em cultura e até da diferenciação somática dos tecidos durante o envelhecimento (Coller *et al.*, 2001).

9.15. Aplicação de microarrays de diagnóstico microbiano para a deteção de agentes patogénicos em amostras de alimentos, ambiente e água

MDMs com base no gene 16S rRNA

O gene 16S rRNA serve como relógio evolutivo e marcador taxonómico na sistemática bacteriana. Consequentemente, o gene 16S rRNA é um marcador comummente utilizado para MDMs. A distribuição ubíqua, a presença de regiões altamente conservadas e variáveis e a disponibilidade de uma base de dados extensa e acessível ao público são razões apelativas para escolher os genes 16S rRNA como marcador de diagnóstico. Além disso, na maioria dos genomas bacterianos estão presentes cópias múltiplas dos genes 16S rRNA, o que contribui para aumentar a sensibilidade. No entanto, devido ao elevado grau de conservação, o potencial de resolução do gene 16S rRNA é limitado e pode, por conseguinte, impedir a diferenciação de espécies estreitamente relacionadas. Serão discutidos mais pormenorizadamente alguns MDM representativos baseados no gene 16S rRNA para a deteção de agentes patogénicos em amostras de alimentos, ambiente e água.

Wang e colaboradores relataram o desenvolvimento e a aplicação de um microarray baseado no gene 16S rRNA para a deteção de agentes patogénicos de origem alimentar. Foram concebidas 28 sondas curtas de oligonucleótidos (incluindo sondas de controlo positivo e negativo) com base em 128 sequências bacterianas de 16S rDNA (variando de 1 a >10 sequências por espécie-alvo). Os autores aplicaram uma conceção hierárquica de sondas, incluindo sondas bacterianas universais, bem como sondas específicas de género e espécie (sondas únicas para cada alvo). A especificidade do microarray foi validada utilizando mais de 200 estirpes de organismos-alvo (inclusividade), não tendo sido efectuados testes de exclusividade. Uma vez que a matriz não conseguiu distinguir entre estirpes pertencentes a Shigella spp./E. coli e Salmonella spp. foi desenvolvida uma segunda matriz, baseada nos genes virA e invA específicos de cada espécie. A matriz foi ainda validada utilizando 115 bactérias isoladas de amostras de alimentos; em 112 casos (97,4%), os resultados da matriz coincidiram com os obtidos utilizando métodos convencionais. O limite absoluto de deteção foi determinado com amostras de alimentos adicionadas e foi reportado como estando ao nível de 101 a 103 ufc/g de alimento. Não existem informações sobre a sensibilidade relativa deste sistema.

Lee e colaboradores desenvolveram um MDM baseado no gene 16S rRNA para a deteção de agentes patogénicos bacterianos das águas residuais. Este microarray consiste em 62 sondas curtas de oligonucleótidos que visam 38 espécies bacterianas, 4 géneros e 1 família, todos conhecidos por incluírem agentes patogénicos. A cobertura das sondas variou de uma (por exemplo, Vibrio cholerae) a cinco por alvo (por exemplo, Helicobacter pylori). A especificidade da sonda foi confirmada apenas por análise in silico (pesquisa BLAST na base de dados NCBI) e os autores não referiram qualquer validação in vitro. A sensibilidade do microarray foi determinada utilizando diluições duplas de ADN genómico de Aeromonas hydrophila e E. coli, tendo-se verificado que era de 1% (sensibilidade relativa) ou 104 cópias de genes de ARNr (sensibilidade absoluta, correspondente a 103 células). Para demonstrar a aplicabilidade do sistema de deteção proposto, os autores utilizaram amostras de águas residuais recolhidas em duas estações municipais de tratamento de águas residuais (antes e depois da fase de desinfeção). Os resultados do microarray foram comparados com os obtidos por TaqMan qPCR específico para cada espécie e, em geral, observou-se uma boa concordância entre os dois métodos. As pequenas diferenças observadas foram atribuídas ao número diferente de sondas de deteção e/ou de genes-alvo.

Uma das principais desvantagens das matrizes baseadas no gene 16S rRNA é o potencial limitado de diferenciação do gene marcador 16S rRNA. Isto pode ser especialmente problemático se a deteção for efectuada em matrizes complexas, como as águas residuais ou os alimentos. Por exemplo, uma investigação mais pormenorizada (utilizando a ferramenta NCBI BLAST;) das sondas baseadas no gene 16S rRNA de V. cholerae publicadas revelou uma especificidade bastante questionável. A sonda Vchol16S 5' AAGTTAATACCTTAATCATTTGACG 3' apresentou 100% de homologia com os genes 16S rRNA de V. mimicus e V. albensis. A sonda #19 5' gctccaccttcgcggtattcgctgccct 3' foi homóloga a apenas uma sequência 16S de V. cholerae na base de dados NCBI (número de acesso: X76337). A sequência modificada da sonda 5' gctccacctcgcggtatcgctgccct 3', que detectaria a maioria dos isolados de V. cholerae (de acordo com os dados de sequências disponíveis até à data), apresentou também uma homologia de 100% com os genes 16S rRNA de uma série de outras espécies, incluindo V. mimicus, Desulfovibrio vulgaris e Colwellia spp. Estes resultados indicam a importância de uma validação extensiva in vitro que deve sempre incluir testes de inclusão (estirpes múltiplas de cada espécie visada) e de exclusividade (estirpes de espécies estreitamente relacionadas).

Cremonesi e colaboradores desenvolveram um microarray baseado no gene 16S rRNA, utilizando uma reação de deteção por ligação (LDR). Esta abordagem utiliza o poder discriminatório da ligase que une as extremidades de duas sondas discriminatórias, permitindo assim a diferenciação de um único nucleótido. Foram desenvolvidos e validados pares de sondas LDR dirigidos a 15 grupos de agentes patogénicos bacterianos que contaminam frequentemente os produtos lácteos, utilizando um conjunto de estirpes de referência específicas (incluindo uma estirpe de controlo negativo). Os resultados da validação confirmaram o elevado potencial de diferenciação da abordagem LDR; embora a sonda de E. coli visasse algumas estirpes de Shigella spp. (e tenha sido, por isso, mantida como sonda "E. coli_et_rel"), foi demonstrada uma diferenciação clara para diferentes espécies de Streptococcus. O desempenho da matriz foi avaliado adicionalmente com 50 amostras de leite. Os resultados obtidos com o microarray correlacionaram-se bem com a análise microbiológica convencional, embora o array tenha detectado a contaminação com múltiplos agentes patogénicos, o que não foi o caso com os métodos padrão. No entanto, uma desvantagem do sistema LDR é o elevado custo das sondas.

O espaçador transcrito interno (ITS) do gene 16S-23S rDNA foi utilizado como marcador para o desenvolvimento de um MDM para a deteção de 10 bactérias patogénicas diferentes associadas à contaminação de fórmulas para lactentes em pó (PIF). Foram concebidas uma a quatro sondas para cada alvo. Para além do marcador ITS, foi utilizado o gene wzy, que codifica a polimerase do antigénio O, para a deteção de E. coli O157. A especificidade do microarray foi testada in vitro através da análise de 185 estirpes (134 estirpes do agente patogénico visado e 51 bactérias estreitamente relacionadas). Os resultados obtidos permitiram a seleção de 27 sondas específicas da espécie, de entre as 79 sondas inicialmente analisadas, que permitiram a identificação correta de todas as estirpes testadas. A sensibilidade do microarray demonstrou ser específica do alvo e variou entre 0,001 e 0,1 ng de gDNA e 104 cfu/mL numa cultura pura. Embora os autores tenham relatado uma deteção fiável a partir de misturas binárias e ternárias, não foram fornecidos dados sobre a sensibilidade relativa do microarray. A análise de amostras simuladas de PIF com adição de aditivos revelou uma sensibilidade no intervalo de 1-10 ufc/25 g de amostra após pré-enriquecimento biológico. Foi realizado um estudo de prova de princípio com 21 lotes de amostras de PIF obtidas de diferentes fontes; duas amostras foram positivas para um dos agentes patogénicos testados, enquanto as outras apresentaram sinais apenas para o controlo positivo, indicando a presença de outros microrganismos não visados. Estes resultados foram 100% concordantes com os métodos de referência. Este estudo revelou que o ITS oferece um potencial de resolução mais elevado do que o gene 16S rRNA. Tal como o gene 16S rRNA, o ITS está presente em múltiplas cópias na maioria das espécies bacterianas. No entanto, há muito menos sequências ITS disponíveis, o que indica a necessidade de uma validação in vitro mais exaustiva.

MDMs baseadas em genes marcadores alternativos

As vantagens e desvantagens da identificação bacteriana baseada no gene 16S rRNA foram amplamente discutidas, tendo sido sugeridos marcadores alternativos. Estes incluem genes universalmente conservados (p. ex., gyrB ou rpoB), genes funcionais específicos de grupos (p. ex., pmoA ou nirK), genes de virulência (p. ex., genes de eneterotoxinas de set-S. aureus) ou outros genes específicos de alvos, como iap (proteína associada à invasão de Listeria spp.). Têm sido frequentemente utilizados marcadores alternativos para o desenvolvimento de microarrays de diagnóstico microbiano e serão discutidos alguns exemplos representativos.

Maynard e colaboradores compararam a adequação dos genes 16S rRNA, cpn60 e wecE para a deteção de agentes patogénicos transmitidos pela água. O gene cpn60 codifica o GroEL, uma proteína chaperonina altamente conservada. O gene wecE faz parte do grupo de genes wec específicos de Enterobacteriaceae envolvidos na biossíntese de antigénios. A utilização de diferentes genes marcadores resultou num processo analítico mais complicado: foram necessárias três amplificações PCR diferentes e as diferenças nas respectivas temperaturas de recozimento não permitiram a implementação da PCR multiplex. A especificidade do sistema foi testada utilizando estirpes únicas dos microrganismos a detetar (E. coli, S. Typhimurium e Y. enterocolitica). Embora os resultados iniciais parecessem confirmar a especificidade prevista para a sonda, uma análise in silico mais pormenorizada revelou problemas de diferenciação inerentes às sondas baseadas no gene 16S rRNA. Este foi especialmente o caso das sondas supostamente específicas do serovar de Salmonella spp.

que, de facto, só eram específicas da sequência de referência. Por exemplo, a análise BLAST da sonda específica de S. Agona S-Ss-S.entA-0076-a-S-22 5' GAAGCAGCTTGCACGTAGCTGA 3' revelou apenas uma homologia parcial com outras sequências disponíveis de S. Agona (por exemplo, CP001138); além disso, observou-se o mesmo nível de homologia parcial com uma série de outros serovares (por exemplo, S. Dublin (CP001144) ou S. Paratyphi C (CP000857)). Foram efectuados testes mais completos sobre a sensibilidade do ensaio. A sensibilidade relativa do ensaio foi explorada utilizando misturas binárias e ternárias de estirpes de teste e verificou-se que se situava ao nível de 0,1-1%, dependendo do organismo e do gene (o gene cpn60 apresentava um limite de deteção 10 vezes mais elevado do que os genes 16S rRNA e wecE). A sensibilidade absoluta situou-se entre 5 e 50 pg de gDNA e correspondeu a 103 a 104 equivalentes genómicos.

Foi efectuado um teste adicional com gDNA derivado de águas residuais artificialmente contaminadas. Os resultados desta experiência demonstraram bem os desafios encontrados com a aplicação de microarrays em amostras da vida real. Por exemplo, o ADN isolado de uma amostra de águas residuais não contaminadas não hibridizou com a sonda 16S rDNA específica de Salmonella spp. (S-G-Salm-0467-a-S-22), mas hibridizou com ambas as sondas wecE específicas de S. Typhimurium (W-Ss-Salm-0588-a-S-22 e W-Ss-Salm-0497-a-S-22). Além disso, a deteção de Klebsiella spp. e Yersinia spp. (sondas wecE W-G-Kleb-unk.-a-S-20 e W-G-Yers-unk.-a-S-23, respetivamente) foi comprometida quando a amostra de águas residuais foi enriquecida com quantidades mais elevadas de gDNA de S. Typhimurium. Estes efeitos foram provavelmente causados por uma tendência inerente à amplificação da PCR.

A vantagem do gene gyrB é a sua melhor resolução ao nível da espécie. No entanto, um dos principais problemas foi a disponibilidade bastante reduzida de sequências e os consequentes efeitos na qualidade da conceção da sonda. A aplicação do método SSELO (sequence-specific end labeling of oligonucleotides), uma abordagem de marcação que visa apenas as regiões efetivamente utilizadas na reação de hibridação, juntamente com os oligonucleótidos competitivos, permitiu a diferenciação de sequências altamente homólogas. A especificidade do conjunto de sondas foi testada utilizando um conjunto de estirpes de referência, incluindo espécies-alvo e não-alvo. A sensibilidade da deteção foi avaliada utilizando culturas puras e misturas artificiais, tendo-se verificado que se situava entre 0,1% (sensibilidade relativa) e 104 ufc (sensibilidade absoluta). Num estudo de prova de princípio, o microarray foi testado com amostras de alimentos artificialmente contaminadas. Os resultados qualitativos estavam em boa concordância com os métodos microbiológicos de referência padrão (ISO) e a sensibilidade de deteção demonstrou estar na gama de 1-10 ufc/25 g de alimentos (com pré-enriquecimento biológico). A disponibilidade crescente de sequências gyrB e os testes in vitro alargados revelaram que a especificidade de algumas sondas não era a ideal (dados não publicados;

por exemplo, a sonda Cperf_1443 5' AAGAGGGCTGTGCTTAC 3' tinha apenas 94% de homologia com um conjunto de sequências gyrB de C. perfringens), pelo que, também neste caso, é indicada uma maior otimização do sistema.

A utilização de genes marcadores alternativos mais específicos (por exemplo, genes de virulência ou de toxinas) permite uma tipagem adicional dos microrganismos detectados. Por exemplo, Call e colaboradores relataram o desenvolvimento de um microarray para a deteção e tipagem de E. coli O157:H7. Quatro loci de virulência (intimina, toxinas semelhantes a Shiga I e II e hemolisina) foram alvo de sondas curtas de oligonucleótidos (com uma cobertura de uma sonda por gene). Foi desenvolvido um sistema de PCR multiplex para a amplificação paralela de todos os genes-alvo, simplificando assim o processo analítico. A especificidade do microarray foi testada e confirmada utilizando cinco isolados de E. coli O157:H7 que representam diferentes genótipos relativamente às toxinas do tipo Shiga. Foram também incluídos no teste controlos adicionais de E. coli. A sensibilidade do sistema de deteção foi de 10 fg de gDNA utilizado como modelo de PCR. Num estudo de prova de princípio, foram utilizados enxaguamentos de carcaças de frango contaminadas. Neste caso, o processo analítico incluiu uma etapa adicional de enriquecimento por IMS (separação imuno-magnética). Foi demonstrada uma deteção fiável para um nível de pico de 168 ufc/mL. Não foi possível detetar níveis mais baixos com 100% de fiabilidade.

Um microarray de deteção/tipagem mais abrangente foi descrito por Sergeev e colaboradores. O microarray FDA-1 permitiu a deteção simultânea de vários agentes patogénicos de origem alimentar e dos seus factores de virulência, incluindo Listeria spp., Campylobacter spp. A robustez do sistema foi assegurada pela utilização de genes redundantes e de conjuntos de sondas redundantes para cada gene. No entanto, isto exigiu a utilização de múltiplas reacções de amplificação por PCR (8 PCRs simples), o que resultou numa configuração analítica algo complicada. A especificidade do sistema foi testada utilizando um conjunto de estirpes-alvo e respectivas misturas, ou seja, apenas foram efectuados testes de inclusão.

Não estão disponíveis informações sobre a sensibilidade da deteção. Embora o sistema pareça ter funcionado bem durante o processo de validação inicial, os resultados com amostras reais não foram publicados, pelo que não existem informações sobre o seu desempenho com amostras reais.

Wilson e colaboradores relataram o desenvolvimento de um microarray de alta densidade para a deteção de 18 microrganismos patogénicos, incluindo 11 bactérias, 5 vírus ARN e 2 eucariotas. O microarray continha mais de 50 000 sondas curtas de oligonucleótidos que visavam 142 regiões de diagnóstico únicas (3 a 10 por agente patogénico). Para cada sonda concebida, foi concebida e utilizada uma sonda de controlo de incompatibilidade para a discriminação entre hibridação cruzada e sinais verdadeiros. A elevada diversidade dos organismos-alvo e das regiões de diagnóstico resultou num procedimento analítico complexo que incluiu amplificações de PCR multiplex, bem como transcrição reversa (RT)-PCR para a deteção de vírus. A especificidade da sonda foi testada utilizando um isolado representativo de cada agente patogénico alvo. A fração positiva (ou seja, o número de sondas positivas dividido pelo número total de sondas para um determinado alvo) para todos os conjuntos de sondas foi >80%, pelo que 80% foi definido como valor de corte para chamadas positivas. A sensibilidade absoluta foi determinada como sendo de 10 fg gDNA para Bacillus anthracis. A sensibilidade de deteção relativa foi determinada através da adição de gDNA de Francisella tularensis e Yersinia pestis ao gDNA do ar de fundo. Ao nível mais elevado de injeção (2,5% de abundância relativa), todos os conjuntos de sondas (8 por agente patogénico) foram positivos. Ao nível mais baixo de picos (0,025% de abundância relativa), a deteção dependia do conjunto de sondas, por exemplo, 5/8 e 3/8 conjuntos de sondas positivos para F. tularensis e Y. pestis, respetivamente.

Outra matriz de deteção de agentes patogénicos interessante foi descrita por Miller e colaboradores. Este microarray visava 12 agentes patogénicos microbianos relevantes para a segurança da água e dos alimentos. Foram utilizados vários genes de virulência e marcadores (1 a 5 genes por agente patogénico visado, 35 genes no total) e cada gene foi visado por várias sondas (8 a 35 sondas por gene, média de 17). No total, o microarray era constituído por 791 sondas alvo. Além disso, foram incluídas no microarray mais de 2000 sondas não-alvo (oligonucleótidos que visam genes não amplificados por PCR). Para a amplificação por PCR de 35 genes-alvo, foram selecionados 47 pares de iniciadores e combinados em 5 reacções de PCR multiplex (9 a 10 pares de iniciadores cada). Com exceção da Pseudomonas aeruginosa, cada agente patogénico visado foi incluído em pelo menos duas PCR multiplex diferentes. A validação exaustiva foi efectuada, em primeiro lugar, utilizando produtos de PCR agrupados de PCRs individuais de um único complexo e, posteriormente, produtos de PCR agrupados de amplificações de PCR multiplex. 720 (91%) sondas-alvo passaram no teste de especificidade na primeira (PCR de complexo único) e 673 (85%) na segunda (PCR multiplex) execução de teste. As diferenças foram atribuídas principalmente aos diferentes rendimentos da PCR, e a maioria das sondas que foram negativas na abordagem multiplex também foram fracas na abordagem singleplex. Apenas 3% das sondas não direcionadas apresentaram resultados falsos positivos. A sensibilidade da deteção foi testada utilizando amostras de água contaminadas e, dependendo do agente patogénico e do gene, demonstrou ser da ordem dos 0,1%-0,01%.

Como já foi referido, a utilização de diferentes genes marcadores exige frequentemente o desenvolvimento de sistemas complexos de PCR multiplex, cujo desempenho é muitas vezes difícil de otimizar. Como alternativa, pode ser utilizada uma combinação de amplificação de todo o genoma e sondas longas de oligonucleótidos. Esta abordagem foi, por exemplo, utilizada por Kim e colaboradores. Neste estudo, foi desenvolvido um MDM que visa 11 agentes patogénicos importantes de origem alimentar. A análise genómica comparativa foi utilizada para identificar regiões de ADN específicas de um determinado agente patogénico (e que apresentavam baixa homologia com outras espécies) e foram selecionadas 10 sondas de oligonucleótidos de 70 mer sobrepostas para cada região. A especificidade foi testada com um conjunto de 68 estirpes bacterianas, incluindo os agentes patogénicos visados e outras bactérias relacionadas. Com exceção da hibridação cruzada de Listeria ivanovii com sondas específicas de L. monocytogenes (locus de virulência estreitamente relacionado) e de B. anthracis e B. thuringiensis com sondas específicas de B. cereus (todos estreitamente relacionados e designados como grupo B. cereus), todos os organismos visados foram identificados corretamente e todos os organismos não visados produziram resultados negativos, confirmando assim que a genómica comparativa é uma abordagem promissora para selecionar marcadores discriminativos. Serão necessários mais estudos para determinar a sensibilidade e demonstrar a aplicabilidade do sistema.

Uma MDM mais abrangente, que permite a identificação e caraterização de agentes patogénicos, bem como a deteção dos seus genes de resistência antimicrobiana, foi desenvolvida por Peterson e colaboradores. Esta MDM visou 113 genes de virulência de 43 bactérias patogénicas, 227 genes de resistência antimicrobiana que conferem resistência a 30 antimicrobianos, 99 genes que codificam a resistência a 20 metais e abrangem 31 elementos transferíveis horizontalmente. Cada gene foi alvo de um único oligonucleótido de 70mer, tendo sido utilizados entre um e vários genes de virulência para detetar organismos individuais. A especificidade deste conjunto de sondas foi testada com apenas 7 organismos que continham apenas um subconjunto de genes de virulência e de resistência antimicrobiana visados. Os perfis de hibridação resultantes eram altamente complexos e não completamente inequívocos. Nos casos em que as espécies foram selecionadas através de múltiplos genes de virulência, aparentemente nem todos os sinais são esperados (por exemplo, de 8 sondas que visam genes de virulência de Enterococcus spp. três são positivas com E. faecalis e apenas uma com E. faecium). Este facto dificulta a validação de potenciais eventos de hibridação cruzada (por exemplo, como a hibridação de Fusobacterium necrophorum com uma de duas sondas de virulência específicas de Cryptosporidium spp. ou a hibridação de S. Typhimurium e E. coli com uma única sonda específica de Streptomyces aureofaciens). O limite de deteção foi testado com amostras de estrume contaminadas e verificou-se que se situava entre 109 e 1010 ufc/g. A adição de iniciadores específicos dos genes durante a fase de marcação resultou numa melhoria de dois logaritmos da sensibilidade. A implementação da etapa de enriquecimento biológico permitiu melhorar ainda mais o limite de deteção (limite de deteção de 103 ufc/g). No entanto, tendo em conta o número de alvos diferentes e a diversidade dos organismos-alvo, as duas abordagens de aumento da sensibilidade propostas não parecem ser praticáveis.

A questão da sensibilidade dos microarrays de oligonucleótidos longos foi também abordada por Sou e colaboradores. O microarray desenvolvido limitava-se apenas a quatro agentes patogénicos de grande relevância para a alimentação, E. coli O157:H7, Salmonella enterica, Listeria monocytogenes e Campylobacter jejuni, e incluía 14 genes de virulência (em média 2 por agente patogénico). Isto permitiu a implementação de uma amplificação PCR multiplex na cadeia analítica e resultou numa sensibilidade absoluta de 0,1 pg de gDNA, o que corresponde a aproximadamente 20 equivalentes de genoma. Uma vantagem adicional da amplificação baseada na PCR é o aumento da especificidade. Foi efectuado um estudo de prova de princípio com 39 amostras de carne fresca e os resultados do microarray estavam em boa correlação com a análise microbiológica convencional. No entanto, neste caso, a análise foi adicionalmente associada a um pré-enriquecimento biológico, que influenciou significativamente a especificidade e a sensibilidade da deteção (por exemplo, a redução do tempo de enriquecimento de 20 h para 6 h em caldo de enriquecimento seletivo multipatogénico (SEL) resultou numa diminuição de 10 vezes da sensibilidade, de 4 ufc/25 g de alimento para 40 ufc/25 g de alimento).

É possível obter uma densidade e um nível de multiplexagem mais elevados utilizando sistemas baseados na Affymetrix. Berthet e colaboradores descreveram um sistema altamente complexo (2,56 milhões de sondas de 25 mers) que visa 42 vírus e mais de 50 espécies de bactérias, bem como 390 genes de resistência a antibióticos e 229 genes de patogenicidade e virulência. A abordagem analítica baseou-se na amplificação de todo o genoma e em microarrays de re-sequenciação. Embora a especificidade (por exemplo, diferenciação do vírus da varíola e do vírus da varíola do macaco) e a sensibilidade (sensibilidade relativa absoluta de uma única cópia do genoma >0,01% para *Staphylococcus aureus)* do sistema tenham sido notáveis, os custos elevados e a necessidade de algoritmos de análise de dados complexos diminuem o potencial de aplicação de tais sistemas na monitorização dos alimentos, da água e do ambiente.

MDMs para tipagem de microrganismos

Os microarrays são cada vez mais utilizados para a tipagem dos microrganismos. Neste caso, o material de partida é maioritariamente um isolado, pelo que a sensibilidade não é um problema. No entanto, a especificidade e a resolução têm de ser muito elevadas e estas matrizes têm frequentemente de se basear em fenótipos (por exemplo, serotipagem), pelo que é difícil descodificá-las a nível genético. A maioria dos desenvolvimentos tem como objetivo espécies importantes do ponto de vista clínico e epidemiológico.

Anjum e colaboradores desenvolveram um microarray de identificação de patogénese de E. coli que foi estabelecido na plataforma ArrayTube e incluía 39 sondas de virulência, 7 bacteriocinas e 15 sondas de oligonucleótidos curtos de controlo (cobertura: principalmente uma e até quatro sondas por gene). A utilização de uma reação de amplificação linear permitiu um elevado grau de multiplexagem. A especificidade do conjunto de sondas foi testada com um painel de estirpes de E. coli e confirmada adicionalmente através de PCR e sequenciação. Subsequentemente, o microarray foi utilizado para tipar 63 isolados clínicos de E. coli de origem humana e animal. Todos os isolados deram sinais com sondas de controlo e 55/63 (87,3%) foram tipáveis e os resultados corresponderam, na sua maioria, ao diagnóstico clínico (quando disponível). Vários isolados apresentaram uma nova combinação de genes. Um sistema mais abrangente, baseado em sondas de oligonucleótidos longas, foi descrito por Bruant e colaboradores. Este microarray permitiu a deteção de 189 genes de virulência de E. coli e de 30 genes de resistência antimicrobiana. Após uma validação pormenorizada com um conjunto de estirpes de referência, o microarray foi utilizado para um rastreio de E. coli em águas fluviais.

O microarray para a serotipagem de E. coli foi desenvolvido por Ballmer e colaboradores. O conjunto de sondas visava os genes wzx (O-antigénio flippase), wzy (O-antigénio polimerase) e fliC (monómero flagelar) e permitiu a diferenciação dos antigénios O e H epidemiologicamente mais relevantes (24 de >180 e 47 de 53, respetivamente). A validação foi efectuada com um conjunto de estirpes de referência e a sensibilidade e especificidade comunicadas foram de 96% e 90%, respetivamente. Entre outras, foram também observadas diferenças para estirpes não móveis (H-) que mostraram um sinal fliC claro no microarray, indicando que o gene estava presente mas não expresso.

A questão da tipagem de Salmonella spp. foi abordada por Huehn e colaboradores. O conjunto de sondas visava os genes que codificam a patogenicidade, a resistência antimicrobiana, os marcadores de serótipo, as fímbrias, a mobilidade do ADN, as funções metabólicas e os profagos, tendo sido validado com um conjunto de 23 isolados de Salmonella e uma estirpe de E. coli. O rastreio por PCR foi utilizado como método de referência. A comparação entre os dois conjuntos de dados revelou uma elevada concordância (96,4%) e as discordâncias deveram-se sobretudo à elevada homologia de elementos móveis que não puderam ser distinguidos por sondas de oligonucleótidos longas. Num estudo de seguimento, Gronlund e colaboradores testaram o desempenho desta matriz de tipagem de Salmonella spp. numa avaliação interlaboratorial. Foram testados quatro parâmetros (tampões de coloração, extração de ADN, hibridação e lavagem) e o tampão de hibridação foi identificado como o fator mais crítico. Este facto não é surpreendente, uma vez que o tampão de hibridação (ou seja, a concentração de formamida e de sal) tem um efeito significativo na rigidez da hibridação. No entanto, é importante efetuar tais estudos para garantir a robustez e a transferibilidade das ferramentas de diagnóstico.

Foram desenvolvidos diferentes microarrays de serotipagem de Salmonella spp. O Salmonella Premi DTest utiliza uma reação de deteção por ligação e visa diferentes loci genómicos não revelados. Wattiau e colaboradores apresentaram dois estudos de desempenho. No primeiro, foram analisadas

754 estirpes de Salmonella pertencentes a 58 serovares diferentes. Através da serotipagem clássica, foi possível identificar 685 isolados testados (90,8%). O desempenho do Premi □Test foi influenciado pela qualidade da extração de ADN (extractos brutos vs. gDNA purificado) e foram obtidos melhores resultados (714 isolados tipáveis, 94,7%) com gDNA purificado. Os restantes isolados deram resultados não-interpretáveis (19, 2,5%), duplos (16, 2,1%) ou incorrectos (5, 0,6%). O segundo estudo incluiu 443 estirpes de Salmonella. Oitenta e quatro perfis únicos foram identificados com o Premi □Test, enquanto a serotipagem clássica identificou 62 serovares. Estas diferenças foram a consequência dos diferentes marcadores utilizados por estes dois sistemas de tipagem. Outro desenvolvimento foi descrito por Tankouo-Sandjong e colaboradores. Este microarray de serotipagem de Salmonella spp. baseou-se em dois genes de manutenção (gyrB e atpD) e dois genes flagelares (fliC e fljB) e tem como alvo duas espécies de Salmonella (S. enterica e S. bongori), as cinco subespécies de S. enterica (II, IIIa, IIIb, IV, VI) e 43 serovares de S. enterica ssp. enterica. Este microarray foi validado com 57 estirpes de Salmonella e 35 amostras cegas (incluindo misturas de serótipos diferentes). Embora tenham sido observados alguns eventos de hibridação cruzada, a elevada redundância das sondas permitiu uma diferenciação fiável dos serótipos visados. Além disso, foi demonstrado um potencial de deteção múltipla, embora este fosse limitado pela combinação de serótipos presentes numa mistura. O desempenho do microarray foi também testado com amostras de alimentos contaminados e a sensibilidade demonstrou depender do pré-enriquecimento biológico (103 ufc/25 g de alimento após 8h e 1 ufc/25 g de alimento após enriquecimento noturno).

Friedrich e colaboradores desenvolveram uma ferramenta de tipagem de Enterobacteriaceae mais abrangente. Foi efectuada uma comparação de todo o genoma com os genomas disponíveis de E. coli, Shigella spp., Salmonella spp., Yersinia spp. e Klebsiella pneumoniae. Um dos principais problemas encontrados foi a disponibilidade limitada de genomas para determinados patotipos (por exemplo, EAEC ou EPEC). O objetivo era estabelecer uma matriz hierárquica com 20 sondas dirigidas a cada patogrupo designado (com diferenciação pormenorizada do grupo "Shigella/E. coli"). No entanto, não foi possível identificar alvos para as entidades "E. coli" e "E. coli patogénica" e alguns patogrupos foram alvo de menos de 20 sondas. Para além das sondas de tipagem, foram adicionadas sondas de genes de resistência antimicrobiana. O microarray foi validado exaustivamente utilizando mais de 100 isolados. Subsequentemente, o microarray foi testado com 92 isolados clínicos e os resultados correlacionaram-se bem com as caraterísticas fenotípicas.

Os agentes patogénicos são normalmente caracterizados através do rastreio da resistência aos antimicrobianos (antibióticos). Este é particularmente o caso dos agentes patogénicos clínicos, embora a tipagem antimicrobiana de agentes patogénicos ambientais (sobretudo de origem alimentar) esteja a ganhar importância. Um dos primeiros relatórios sobre o desenvolvimento de um MDM antimicrobiano foi descrito por Call e colaboradores. Foram utilizados amplicons de PCR como sondas visando 17 genes tet (resistência à tetraciclina) e blaTEM-1 (P-lactamase). O microarray foi testado com um conjunto de estirpes pertencentes a diferentes espécies e incluindo estirpes tet+ e tet-, e os resultados concordaram bem com o fenótipo.

Mais tarde, foram descritos MDMs mais abrangentes de resistência antimicrobiana para bactérias grampositivas e gram-negativas. Ambos os sistemas foram desenvolvidos na plataforma ArrayTube e os protocolos de amplificação/marcação do ADN foram selecionados para permitir um elevado grau de multiplexagem (polimerização com primers aleatórios e amplificação linear). O MDM desenvolvido por Perreten e colaboradores tem como alvo 90 genes de resistência antimicrobiana (cobertura: 1 a 2 sondas por gene). A validação com 36 estirpes portadoras de resistências antimicrobianas específicas permitiu testar a sensibilidade e a especificidade de 125 sondas (de um total de 137) e os resultados do microarray corresponderam ao fenótipo. Foram obtidos resultados semelhantes para isolados de campo multirresistentes. Uma limitação deste microarray, contudo, foi a incapacidade de distinguir resistências antimicrobianas, que surgiram de mutações de base única. Quarenta e sete genes de resistência antimicrobiana foram identificados com o microarray desenvolvido por Batchelor e colaboradores e o sistema foi validado com um conjunto de estirpes de referência selecionadas. A PCR foi utilizada como método de referência e a correlação entre os dois métodos foi de 98,8%. Foram observadas algumas hibridações cruzadas menores (alta homologia dos genes visados), mas a diferenciação não foi comprometida, uma vez que os padrões resultantes ainda eram distinguíveis. É interessante notar que, na maioria das estirpes de controlo, foram detectados genes adicionais. Foram efectuados testes adicionais utilizando 50 isolados de E. coli (humana) e 37 isolados de Salmonella spp. (humana, animal e alimentar). Os dados do fenótipo e do genótipo (microarray) revelaram uma boa concordância (70-100%) para aproximadamente 75% dos isolados testados. No entanto, foi também observada uma série de resultados falsos positivos e falsos negativos.

Aplicação da tecnologia de microarray na fisiologia ambiental e comparativa

Na base de todas as análises fisiológicas está a caraterização funcional de enzimas e proteínas e a sua regulação biológica. Os recentes avanços tecnológicos e conceptuais na ciência genómica revolucionaram este processo de descoberta. Não se trata de uma afirmação exagerada. Graças aos projectos de sequenciação do genoma em grande escala e com um rendimento que se aproxima da escala industrial, está agora disponível um catálogo mais ou menos completo de genes e das proteínas que codificam para um número crescente de organismos selecionados. Isto facilita muito a identificação de genes e permite abordar questões relacionadas com a organização, arquitetura e evolução do genoma. Igualmente significativos são os desenvolvimentos técnicos que permitem abordar convenientemente a expressão genética ao nível do transcrito e da sua proteína codificada. Isto pode agora ser efectuado a uma escala que corresponde a todo o genoma, permitindo caraterizar o perfil de expressão de um grande número de genes e das proteínas por eles codificadas. Este perfil constitui um rastreio aberto de genes e proteínas, identificando aqueles cuja expressão é regulada em relação a alterações no desempenho de todo o sistema. Esta forma de análise indutiva e independente de modelos contrasta com a forma mais convencional de análise orientada por hipóteses, gene a gene ou proteína a proteína. Assim, temos em mãos uma nova forma de rastreio funcional que se baseia em capacidades de elevado rendimento e oferece panoramas de amplitude e profundidade inigualáveis.

As novas abordagens à caraterização dos genes baseadas na sequência são mais poderosas em organismos-modelo sequenciados genomicamente, onde os recursos de um grande número de laboratórios contribuintes fornecem as informações necessárias sobre as sequências, os recursos informáticos e os meios de manipulação genética específicos da espécie. No entanto, isto coloca o fisiologista comparativo e evolutivo perante um dilema, porque as espécies-modelo genómicas (por exemplo, a levedura *Saccharomyces cerevisiae* , o verme nemátodo *Caenorhabditis elegans,* o inseto *Drosophila melanogaster* e o mamífero *Mus musculus)* não são necessariamente as que interessam a essa comunidade. As espécies-modelo genómicas são geralmente selecionadas para análise por razões de poder experimental e conveniência técnica, em vez de interesse ecológico ou significado evolutivo.

Em contraste, os modelos evolutivos e comparativos são geralmente selecionados devido a alguma forma extrema de adaptação ou fisiologia ou devido a algum contexto ecológico, ambiental ou filogenético interessante. Para resolver estes pontos de vista divergentes, sugerimos que o mantra preferido do fisiologista comparativo, nomeadamente o Princípio de Krogh (5), ou seja, para cada problema fisiológico existe uma espécie exclusivamente adequada para a sua análise, necessita de alguma qualificação possivelmente em dois aspectos.

Em primeiro lugar, uma vez que a evolução funciona frequentemente através da elaboração de processos pré-existentes, e devido à extensa conservação da função proteica mesmo entre taxa distantemente relacionados, é bastante provável que as respostas particularmente bem ilustradas em modelos comparativos possam ser exibidas, embora em menor grau, nas espécies modelo genómicas. Assim, os estudos em espécies-modelo e não-modelo devem ser vistos como complementares, sendo os organismos não-modelo úteis para a descoberta de atributos fisiológicos interessantes, ao passo que as espécies-modelo oferecem a possibilidade de caraterização adicional da função e regulação do gene. Em segundo lugar, a falta de uma sequência completa do genoma em modelos comparativos (ou seja, muitas espécies não-modelo) não significa necessariamente que os eventos ao nível do transcriptoma ou do proteoma não possam ser abordados. Descrevemos aqui algumas abordagens técnicas gerais que podem ser utilizadas e alguns resultados recentes que procuram justificar ambas as afirmações. Esboçamos uma agenda nova e invulgar para a fisiologia ambiental e comparativa, que poderá desempenhar um papel fundamental na passagem de um ponto de vista molecular fragmentado para uma perspetiva mais holística da função e regulação biológicas.

Utilidade das abordagens de microarray em biologia comparativa e evolutiva

A abordagem de microarray para a análise sistemática da expressão de transcritos a uma escala genómica foi introduzida no final dos anos 90 e, desde então, a aceitação da técnica tem sido surpreendentemente rápida. Dado que a abordagem é inteiramente genérica, foi adoptada para a análise de todos os tipos de organismos vivos. Também tem sido utilizada para abordar uma variedade de questões experimentais, como ilustrado pela listagem selectiva de publicações recentes no Quadro 1. Atualmente, a abordagem está a ter o seu maior impacto na biologia das doenças, em particular no cancro, onde o método é perfeitamente adequado para subclassificar estados de doença que, de outro modo, seriam indistinguíveis, utilizando técnicas simples de agrupamento hierárquico. É particularmente adequado para situações em que apenas alguns genes estão na base da doença e em que estes genes-alvo apresentam alterações pronunciadas na expressão, relacionadas com uma mudança imposta no estado fisiológico ou talvez em resposta a eventos a montante numa via de transdução.

O método também pode ser útil para distinguir organismos em estado estacionário, não estimulados, mas é provável que as diferenças nos transcritos sejam bastante mais subtis, sendo necessário ter mais cuidado para as distinguir dos falsos positivos. Atualmente, existem muito poucos exemplos de perfis de genes globais em biologia comparativa, ambiental e evolutiva, mas é provável que esta situação se altere em breve. Uma vez que estes tipos de investigação envolvem caraterísticas complexas e multifactoriais, espera-se que tenham uma base mais complexa e multigénica. Por conseguinte, é provável que as alterações subjacentes à expressão genética tenham um carácter mais subtil, e a atribuição inequívoca de caraterísticas complexas a genes específicos exigirá mais do que um simples agrupamento. As novas abordagens analíticas baseadas na ANOVA são particularmente importantes porque separam as contribuições da variação de indivíduo para indivíduo, do genótipo, do género, do ambiente abiótico local, da população, etc., para a variação observada na expressão genética. Assim, uma maior apreciação das variações da expressão ao nível do genoma e do comportamento dos efeitos em grande escala, em vez de se centrar nas propriedades de apenas alguns genes, servirá de base ao alargamento do rastreio de transcrições aos domínios da ecologia e da evolução. Isto exigirá avanços significativos na nossa compreensão de como as redes de genes funcionam como sistemas reguladores e regulados, e como estas redes estão subjacentes e medeiam respostas fisiológicas complexas. Assim, é provável que as ideias actuais de regulação genómica se revelem inadequadas e serão necessários novos conceitos, que talvez liguem subsistemas que funcionam de acordo com mecanismos conhecidos em sistemas dinâmicos complexos e integrados que funcionam segundo princípios ainda desconhecidos.

Análise Evolutiva e Genética

A adaptação evolutiva é provocada pela acumulação de alterações genéticas que aumentam a sobrevivência da espécie no contexto do seu ambiente. As alterações genéticas hereditárias podem refletir-se quer na expressão do transcrito quer na função da proteína codificada, sendo a modificação genética evidente na sequência regulativa ou codificante, respetivamente. De facto, as abordagens de microarray parecem ideais para a dissecação de fenótipos complexos e para a identificação de genes cuja expressão alterada está subjacente a caraterísticas complexas localizadas em regiões genéticas identificadas por técnicas de loci de caraterísticas quantitativas (QTL). No entanto, a realização deste objetivo pode ser difícil na prática; um estudo de > 39 000 genes em ratos identificou 400 com diferenças de expressão significativas que se relacionam com a suscetibilidade à diabetes tipo I, 8 dos quais se inserem num QTL. No entanto, o perfil de expressão global não conseguiu racionalizar a maioria dos loci que contribuem para a suscetibilidade, o que sugere que, pelo menos neste caso, as regiões reguladoras dos genes não foram objeto de variação genética. As alterações das sequências codificantes podem ser descobertas a um nível elevado através da técnica cDNA-AFLP, e a combinação desta abordagem com um rastreio de microarray alarga e torna conveniente a descoberta de modificações das sequências nos domínios reguladores e codificantes. A ligação destas modificações aos locais de controlo genético das caraterísticas oferece talvez o meio mais direto de descobrir a base molecular da adaptação genética e a tão procurada ligação mecanicista entre genótipo e fenótipo. A via alternativa da alteração da expressão dos genes através de técnicas de manipulação genética, embora de grande poder e discriminação, continua limitada às poucas espécies-modelo que dispõem de tecnologias de manipulação genética tratáveis.

A análise experimental da evolução beneficiou consideravelmente das conveniências das espécies-modelo cultiváveis, como a *Escherichia coli* ou *a Saccharyomyces cerevisiae* , em parte porque o processo de mudança adaptativa pode ser reproduzido e monitorizado em função do número de gerações e o benefício da aptidão medido em relação à cultura ancestral. Os microarrays também foram utilizados para identificar genes que contribuem para uma melhor aptidão após a evolução experimental em leveduras, onde se verificou que a expressão de várias centenas de genes era afetada pelo crescimento aeróbico em quimiostato limitado em glucose ao longo de 250 gerações, muitos dos quais revelando efeitos consistentes em culturas evoluídas replicadas.

Em *E. coli,* Riehle et al. exploraram a base genética da adaptação em culturas expostas a uma temperatura elevada durante mais de 2000 gerações. Detectaram cinco eventos de duplicação/deleção, que ocorreram em três das seis linhas replicadas. Este facto levou à identificação de quatro genes candidatos que se enquadravam na região de duplicação comum, dois dos quais apresentavam uma expressão transcrita elevada em relação ao antepassado. Estas duas análises de organismos evoluídos experimentalmente oferecem modelos poderosos para explorar a base genética da evolução em condições naturais. Os microarrays também foram utilizados em leveduras para avaliar as alterações na expressão genética após a duplicação e a divergência de sequências de genes. Os resultados indicam que as sequências codificadoras e reguladoras evoluem de forma independente e a ritmos muito diferentes, uma descoberta que tem implicações para o debate neutralista-selecionista. O rastreio de transcritos também pode ser utilizado para abordar a base molecular da variação natural e a forma como o genótipo interage com o fenótipo a uma escala evolutiva.

Capítulo 10. Desafios na aplicação de microarrays a estudos ambientais

A tecnologia de microarrays com base em ADN ou oligonucleótidos é uma poderosa ferramenta de genómica funcional que permite aos investigadores visualizar a fisiologia de uma célula viva a partir de uma perspetiva molecular abrangente e dinâmica (DeRisi *et al.*, 1997, Khodursky *et al.*, 2000, Spellman *et al.*, 1998, Tao *et al.*, 1999, Wei *et al.*, 2000, Wodicka *et al.*, 1997, Ye *et al.*, 2000). Em comparação com a hibridação tradicional de ácidos nucleicos com membranas porosas, os microarrays baseados em lâminas de vidro oferecem as vantagens adicionais de alta densidade, alta sensibilidade, deteção rápida ("em tempo real"), menor custo, automatização e baixos níveis de fundo (Shalon *et al.*, 1996). Consequentemente, a tecnologia baseada em microarrays é potencialmente adequada para identificar populações de microrganismos em ambientes naturais. Os genes funcionais visados no ambiente tendem a ser altamente diversificados, sendo difícil, e por vezes até mesmo experimentalmente impossível, identificar regiões de sequência de ADN conservadas para conceber sondas de oligonucleótidos para hibridação ou iniciadores para amplificação por reação em cadeia da polimerase (PCR). No entanto, a abordagem baseada em microarranjos não exige essa conservação de sequências, porque todas as diversas sequências de genes de diferentes populações do mesmo grupo funcional podem ser fabricadas em arranjos e utilizadas como sondas para monitorizar as suas correspondentes distribuições em amostras ambientais.

Em teoria, a tecnologia genómica baseada em microarray oferece as vantagens necessárias para uma caraterização abrangente e quantitativa de comunidades microbianas complexas (Guschin *et al.*, 1997); contudo, o desempenho da hibridação de microarray não foi rigorosamente testado e validado com diversas amostras ambientais. Em contraste com os estudos que utilizam culturas puras, a análise de ácidos nucleicos ambientais mediada por microarray apresenta vários desafios técnicos que têm de ser resolvidos. Em primeiro lugar, nos estudos ambientais, as sequências alvo e de sonda são muito diversas. Não é claro se o desempenho dos microarrays com amostras ambientais diversas é semelhante ao das amostras de culturas puras ou se a divergência de sequências se reflecte na intensidade do sinal de hibridação. Em segundo lugar, as amostras ambientais estão geralmente contaminadas com substâncias como matéria húmica, contaminantes orgânicos e metais, que podem interferir com a hibridação do ADN em microarrays. Em terceiro lugar, em contraste com as culturas puras, a biomassa recuperável em amostras ambientais é geralmente baixa; consequentemente, não é claro se a hibridação em microarray é suficientemente sensível para detetar microrganismos em todos os tipos de amostras ambientais. Por último, é incerto se a deteção baseada em microarray pode ser quantitativa. Os estudos ambientais e ecológicos requerem ferramentas experimentais que não só detectem a presença ou ausência de determinados grupos de microrganismos, mas que também forneçam dados quantitativos sobre as suas actividades biológicas in situ. O objetivo deste comentário é discutir o trabalho recente sobre o desenvolvimento e a aplicação de formatos de microarray para estudos microbianos ambientais, com ênfase nas questões-chave de hibridação de microarray de especificidade, sensibilidade e quantificação.

Especificidade

Com base no tipo de sonda colocada, os microarrays utilizados em estudos ambientais podem ser divididos em três classes principais (Zhou *et al.*, 2002). Em primeiro lugar, as matrizes filogenéticas de oligonucleótidos (POA) contêm sondas de sequência derivadas de genes do ácido ribonucleico ribossómico (rRNA) e são utilizadas principalmente para a análise filogenética da composição e estrutura da comunidade microbiana. Em segundo lugar, as matrizes de genes funcionais (FGAs) contêm genes que codificam enzimas-chave envolvidas em vários processos de ciclagem biogeoquímica (por exemplo, desnitrificação e nitrificação) e são úteis para monitorizar o estado fisiológico e as actividades funcionais das comunidades microbianas em ambientes naturais (Wu *et al.*, 2001).

Em terceiro lugar, os arrays de genoma comunitário (CGAs) são construídos utilizando ADN genómico completo isolado de microrganismos de cultura pura e podem ser utilizados para descrever uma comunidade microbiana em termos da sua componente cultivável. Ao contrário dos microarranjos de oligonucleótidos não baseados no gene rRNA, que têm sido utilizados com êxito para monitorizar a expressão genética em todo o genoma (por exemplo, Saizieu *et al.*, 1998, Lockhart *et al.*, 1996) e para detetar polimorfismos genéticos (por exemplo, Chee *et al.*, 1996, Wang *et al.*, 1998), os microarranjos de oligonucleótidos baseados no gene rRNA apresentam alguns desafios técnicos únicos. Dado que o gene do ARNr é altamente conservado ao nível da sequência de nucleótidos e está presente em todos os microrganismos, a deteção específica com microarrays de oligonucleótidos orientados para o ARNr pode ser difícil. Além disso, a hibridação de sondas de oligonucleótidos em ácidos nucleicos alvo com uma estrutura secundária estável pode ser particularmente difícil (Small *et al.*, 2001). Qualquer estrutura secundária estável do ADN ou ARN alvo tem de ser ultrapassada para tornar as regiões de sequência complementar disponíveis para a formação do duplex. A estrutura secundária estável do ARNr de subunidade pequena (SSU) terá efeitos graves na especificidade da hibridação e na sensibilidade da deteção.

Num estudo realizado por Guschin *et al.*, foram construídos microarrays de oligonucleótidos em pastilhas de gel utilizando oligonucleótidos complementares a sequências de SSU rRNA de géneros-chave de bactérias nitrificantes. No formato de matriz de gel, as sondas de oligonucleótidos sintéticos são imobilizadas numa matriz de elementos de gel de poliacrilamida, que são fixados em lâminas de vidro. Os resultados mostram que é possível obter uma deteção específica com este tipo de microarray; no entanto, a especificidade da sonda depende de vários factores, como o comprimento da sonda. Guschin et al. mostraram que, à medida que o comprimento da sonda de oligonucleótidos aumenta, perde-se a discriminação de incompatibilidades; inversamente, à medida que o comprimento da sonda diminui, a intensidade do sinal de hibridação (ou seja, a sensibilidade) é sacrificada.

Um estudo recente demonstrou que os microarrays de oligonucleótidos baseados em pastilhas de gel podem também ser utilizados para distinguir espécies de Bacillus, nomeadamente Bacillus thuringiensis e Bacillus subtilis [17]. Utilizando microarrays bidimensionais com base em vidro, Small et al. [16] detectaram bactérias metalo-redutoras, tais como *Geobacter chapellei* e *Desulfovibrio desulfuricans*.

A vantagem potencial das sondas de oligonucleótidos é que as sequências-alvo que contêm incompatibilidades de base única podem ser diferenciadas por hibridação de microarray; no entanto, isto não foi totalmente demonstrado com microarrays baseados no gene SSU rRNA. Para determinar sistematicamente se a discriminação de incompatibilidade única pode ser alcançada para os genes SSU rRNA usando hibridização de microarray, construímos um modelo de microarray de oligonucleotídeos que consiste em sondas derivadas de três regiões diferentes da molécula SSU rRNA correspondente a diferentes taxa bacterianos (X Zhou, J Zhou, dados não publicados). As sondas tinham de uma a cinco incompatibilidades em diferentes combinações ao longo do comprimento da sonda de oligonucleótido, com pelo menos uma incompatibilidade na posição central. A intensidade do sinal de hibridização com uma única combinação de bases foi reduzida em 10-30%, dependendo do tipo de combinação de bases nucleotídicas. A intensidade do sinal das sondas com duas bases incompatíveis era de 5-25% da das sondas de correspondência perfeita; as sondas com três ou quatro pares de bases incompatíveis produziam intensidades de sinal que eram 5% das das sondas de correspondência perfeita. A discriminação e a intensidade de sinal máximas foram alcançadas com sondas de 19 bases. Estes resultados indicam que a discriminação de base única para os genes SSU rRNA pode ser conseguida com hibridação em matriz baseada em lâminas de vidro, mas a discriminação completa parece ser problemática com os genes SSU rRNA (Bavykin *et al.,* 2001). Urakawa et al. (2002) demonstraram que as incompatibilidades terminais e quase terminais de um único par de bases têm um efeito significativo na intensidade do sinal de hibridação.

Em comparação com os microarrays de oligonucleótidos, os microarrays baseados em ADN, como os FGAs e os CGAs, apresentam uma menor especificidade de hibridação. Estudos recentes indicaram que os genes com menos de 80-85% de identidade de sequência podem ser discriminados de forma fiável com FGAs em condições de hibridação de elevada rigidez (65°C). Além disso, as condições de hibridação do microarray podem ser ajustadas de modo a obter uma vasta gama de deteção. Em condições de baixa estringência (p. ex., 45°C), por exemplo, podem ser detectados de forma consistente genes com 60-70% de identidade de sequência em relação à sonda do conjunto. Não foi medida qualquer diferença substancial na intensidade da fluorescência para sequências de sonda com 80-100% de identidade com o ADN-alvo marcado.

Uma análise das sequências publicadas e das nossas próprias sequências não publicadas indica que os genes envolvidos em muitos processos biogeoquímicos importantes, tais como a fixação de azoto (por exemplo, nifH), a desnitrificação (por exemplo, os genes da redutase do nitrito nirS e nirK) e a redução do sulfato (por exemplo, dsrA/B) são diversos em ambientes naturais. Por conseguinte, a dificuldade reside na forma de captar toda a diversidade de sequências presente em ambientes naturais e de interpretar adequadamente os resultados de hibridação de amostras ambientais de diversidade desconhecida.

Os nossos resultados também mostraram que a hibridação ADN-ADN em CGAs na presença de 50% (vol/vol) de formamida a 55°C podia discriminar entre genomas microbianos de diferentes espécies dentro de um género, enquanto que, em muitos casos, os genomas não podiam ser claramente distinguidos ao nível das subespécies. Ao aumentar a temperatura de hibridação para 65-75°C, a discriminação baseada em CGA entre estirpes bacterianas estreitamente relacionadas pode ser melhorada. Embora alguns genes, como os genes rRNA, sejam altamente semelhantes mesmo entre estirpes ou espécies diferentes, a presença de tais sequências altamente conservadas não parece afetar a especificidade global da hibridação.

Sensibilidade

A sensibilidade é outro parâmetro crítico que tem impacto na eficácia de uma abordagem baseada em microarray para a deteção de microrganismos. Com microarrays de oligonucleótidos, o gene SSU rRNA de G. chapellei pôde ser detectado utilizando ~0,5 μg de ARN total extraído de solos. Utilizando FGAs, os genes nirS foram detectados em apenas 1 ng de ADN genómico puro marcado e em 25 ng de ADN comunitário extraído de amostras de solo à superfície. Do mesmo modo, o limite de deteção dos CGAs foi estimado em ~0,2 ng com ADN genómico puro marcado (DK Thompson *et al.,* dados não publicados).

Estes níveis aproximados de sensibilidade de deteção devem ser suficientes para muitos estudos em ecologia microbiana. Uma vez que são utilizados volumes de hibridação muito pequenos nas experiências de microarray, pensa-se geralmente que a sensibilidade da hibridação com microarray é superior à da hibridação convencional com membrana. No entanto, a sensibilidade da hibridação com microarrays de vidro pode ainda ser da ordem de 100 a 10000 vezes inferior à da amplificação por PCR (Zhou *et al.,* 1997), e pode ser 10 a 100 vezes inferior à da hibridação com membrana (Voordouw *et al.,* 1993). Uma das principais razões para a menor sensibilidade da hibridação de microarrays com base em vidro, em comparação com a hibridação com base em membranas, pode ser o facto de a capacidade de ligação da sonda nas superfícies de vidro ser muito inferior à das membranas porosas. O aumento da capacidade de ligação poderá ser uma forma de aumentar a sensibilidade da hibridação em microarrays.

Quantificação

Devido à elevada variação inerente associada ao fabrico das matrizes, à marcação das sondas, à hibridação e ao processamento das imagens, a exatidão da avaliação quantitativa baseada em microarranjos é ainda incerta. A comparação dos resultados da hibridação com microarranjos com resultados previamente conhecidos sugeriu que a hibridação com microarranjos parece ser suficientemente quantitativa para detetar diferenças nos padrões de expressão dos genes em várias condições (Taniguchi *et al.*, 2001). Os microarrays de ADN também foram utilizados para medir diferenças no número de cópias de ADN em tumores da mama (Pinkel *et al.*, 1998). Podem ser detectadas supressões ou adições de uma única cópia (Pollack *et al.*, 1999), o que sugere que a deteção baseada em microarrays é potencialmente quantitativa. Um estudo recente em que o ADN 1 foi co-posicionado com o ADN da sonda também indicou que os microarrays podem quantificar com precisão os genes em amostras de ADN (Cho *et al.*, 2001).

Avaliámos o potencial quantitativo da hibridação de microarray para os formatos FGA e CGA. Foram observadas relações quantitativas lineares (r2 = 0,89 a 0,95) entre a intensidade do sinal e a concentração de ADN alvo numa gama de concentrações quatro vezes superior, tanto para culturas puras como para populações mistas de ADN alvo. Esta observação sugere que os microarrays de ADN podem ser potencialmente utilizados para a análise quantitativa de amostras ambientais. O desafio difícil na quantificação de populações microbianas em ambientes naturais com base na intensidade do sinal de hibridação é, no entanto, como distinguir as diferenças na intensidade de hibridação devidas à abundância da população das devidas à divergência de sequências.

Perspectivas futuras

Devido à sua elevada densidade e capacidade de produção, espera-se que as tecnologias genómicas baseadas em microarray revolucionem a análise da estrutura, função e dinâmica das comunidades microbianas. Pela primeira vez na história, existe a possibilidade de avaliar simultaneamente, num único ensaio, todos ou a maioria dos constituintes de uma comunidade natural complexa. Com esta facilidade, deverá ser possível começar a construir uma visão abrangente e integrada da dinâmica de uma comunidade microbiana. Embora vários estudos tenham demonstrado que os microarranjos são promissores como instrumentos valiosos para a análise de amostras ambientais, a especificidade, a sensibilidade e as capacidades quantitativas da tecnologia de microarranjos para aplicações ambientais estão ainda numa fase inicial de avaliação.

São necessários uma avaliação e um desenvolvimento mais rigorosos e sistemáticos para concretizar todo o potencial dos microarrays para estudos de ecologia microbiana. Será necessário abordar e ultrapassar vários desafios. Em primeiro lugar, a variação experimental inerente é uma questão crítica na hibridação de microarrays aquando da análise de amostras ambientais. Por conseguinte, serão necessárias novas concepções e estratégias experimentais para avaliar e eliminar essa variação, a fim de melhorar a precisão quantitativa baseada em microarranjos. Atualmente, é difícil comparar dados de microarray de uma forma significativa entre diferentes laboratórios e mesmo entre diferentes experiências num único laboratório. Em segundo lugar, a hibridação de microarray ainda não é suficientemente sensível para alguns estudos ambientais quando a quantidade de biomassa recuperável é muito baixa. A amplificação por PCR é uma ferramenta muito utilizada e poderosa para aumentar a sensibilidade da deteção. No entanto, o acoplamento da tecnologia PCR baseada num único gene com a hibridação de microarranjos baseada em múltiplos genes constitui um grande desafio para a avaliação quantitativa da estrutura e da atividade da comunidade microbiana em ambientes naturais, uma vez que a amplificação eficiente e não enviesada de todos os genes-alvo com diferentes conjuntos de iniciadores é muito difícil de conseguir com a PCR. Em terceiro lugar, é provável que a quantidade de dados gerados por estudos de amostras ambientais baseados em microarray seja enorme, mas o processamento rápido e a extração de dados de hibridação continuam a ser tarefas difíceis.

As ferramentas bioinformáticas desenvolvidas para analisar dados de expressão genética podem ser utilizadas para analisar amostras ambientais até certo ponto, mas podem ter dificuldade em lidar com a complexidade das amostras ambientais. Embora a capacidade de alta densidade dos microarranjos seja uma vantagem para lidar com a extrema diversidade de sequências das amostras ambientais, a interpretação dos resultados de hibridação de microarranjos é um desafio quando se analisam amostras ambientais desconhecidas, devido à potencial hibridação cruzada e/ou de fundo. São necessárias novas ferramentas bioinformáticas para discriminar eficazmente os sinais de hibridação positivos do ruído de fundo. Em quarto lugar, o número de genes necessários para a monitorização à escala de toda a comunidade pode ultrapassar largamente a atual capacidade dos microarrays. Assim, é necessário fazer progressos na tecnologia que conduzam a microarrays de maior densidade com menos variação. Em quinto lugar, embora os microarrays possam fornecer um meio rápido de caraterizar uma comunidade microbiana, uma vez construídos, a preparação de amostras de alta qualidade adequadas para a análise de microarrays parece ser um obstáculo.

A automatização e as melhorias no processamento das amostras também serão importantes para estudos futuros. Por último, os microarrays são apenas ferramentas e, como tal, devem ser integrados em estudos centrados em questões ecológicas e ambientais claras e em hipóteses que possam ser abordadas. Só assim se poderá verificar o poder da hibridação de microarranjos para a análise da comunidade microbiana.

Conclusão

O microarray é uma tecnologia de genómica funcional recentemente desenvolvida que tem aplicações poderosas numa vasta gama de áreas de investigação biológica, incluindo as ciências médicas, a agricultura, a biotecnologia e os estudos ambientais. Uma vez que muitas universidades, instituições de investigação e indústrias criaram instalações e serviços de base baseados em microarranjos, estes tornaram-se uma tecnologia facilmente acessível e amplamente utilizada para a investigação de sistemas biológicos. Dado que as tecnologias para a instrumentação de matrizes estão relativamente maduras, estão a surgir tendências importantes em questões como novas plataformas de matrizes, estratégias de fixação e substratos, miniaturização com maior densidade, novas estratégias de marcação, tecnologias de varrimento e automatização (Stears *et al.,* 2003).

O desenvolvimento e a aplicação da tecnologia genómica baseada em microarray para estudos ambientais têm merecido grande atenção. Devido à sua elevada densidade e capacidade de produção, espera-se que as tecnologias genómicas baseadas em microarray revolucionem as análises da estrutura, função e dinâmica das comunidades microbianas. Os ensaios baseados em microarray têm um grande potencial como ferramentas específicas, sensíveis, quantitativas, paralelas e de elevado rendimento para a deteção, identificação e caraterização microbianas em ambientes naturais. No entanto, são necessários uma avaliação e um desenvolvimento mais rigorosos e sistemáticos para concretizar todo o potencial dos microarrays para estudos de ecologia microbiana.

É necessário abordar várias questões fundamentais, incluindo novas concepções experimentais e estratégias para minimizar as elevadas variações de hibridação inerentes, a fim de melhorar a precisão quantitativa com base em microarranjos, novas abordagens para aumentar a sensibilidade da hibridação para detetar biomassa extremamente baixa em ambientes naturais, novas ferramentas computacionais para a extração e interpretação de dados de microarranjos.

As pastilhas de ADN atingiram um grau muito elevado de sofisticação e fiabilidade, ao passo que os microarrays de proteínas e outras matrizes necessitam ainda de desenvolvimentos significativos para lidar com os desafios colocados pela indisponibilidade de técnicas de amplificação de proteínas, deteção e identificação de estruturas tridimensionais e risco de desnaturação.

No futuro, juntamente com as vantagens bem reconhecidas da elevada capacidade de sonda, sugere-se que os microarrays de ADN se tornem instrumentos úteis para determinar a presença/ausência de clados específicos de organismos. A ligação deste tipo de dados de microarrays a dados operacionais a longo prazo deverá ajudar a melhorar a nossa compreensão do nicho. As próximas etapas necessárias incluem um aumento da escala do microarray (ou seja, aumento do número de sondas), bem como uma amostragem a mais longo prazo. Os biólogos estão continuamente a desenvolver novas técnicas experimentais, assegurando que a quantidade de informação biológica disponível só irá aumentar no futuro, tanto em termos de quantidade como de complexidade. Todos os tipos de dados aqui mencionados têm caraterísticas diferentes, o que torna o desenvolvimento de novos métodos estatísticos, que explorem plenamente a informação disponível, uma tarefa importante para os estatísticos no futuro. A atual gama de técnicas de rastreio de transcrições irá, sem dúvida, avançar e evoluir nos próximos anos para novas formas mais fáceis de utilizar, rentáveis e produtivas. Isto será complementado por novas técnicas de procura e discriminação de padrões, que darão ainda maior poder à análise de dados genómicos a um nível mais elevado e sistémico e melhores meios de relacionar a regulação de genes e proteínas com caraterísticas fisiológicas, evolutivas ou adaptativas específicas. As espécies-modelo, juntamente com todas as suas vantagens técnicas e recursos genómicos, são extremamente importantes para a tecnologia em desenvolvimento, mas a falta de informação sobre as sequências já não é um obstáculo absoluto ao progresso. Com efeito, a perspetiva evolutiva e comparativa tem muito a ganhar com as tecnologias genómicas de elevado rendimento, não só através da identificação de mecanismos, mas também através da exploração das fontes de variabilidade fisiológica ao nível do genótipo, da população e da espécie.

A longo prazo, o rico manancial de informações sobre a expressão genética, coligidas para uma série de organismos de acordo com a filogenia e informadas por uma nova compreensão da reorganização cromossómica ao longo do tempo evolutivo, e a resultante sintenia cromossómica, constituirão a base para uma compreensão muito mais penetrante da adaptação e dos seus mecanismos subjacentes.

Referências

A. H. Fitter, G. A. Gilligan, K. Hollingworth, A. Klecz- kowski, R. M. Twyman e J. W. Pitchford, "Biodiversity and Ecosystem Function and Soil," **Functional** Eco- logy, Vol. 19, No. 3, 2005, pp. 369-377.

Adler, K., Broadbent, J., Garlick, R., Joseph, R., Khimani, A., Mikulskis, A., Rapiejko, P., e Killian, J. (2000). MICROMAXe: Um sistema altamente sensível para a expressão diferencial de genes em microarrays. "In Microarray Biochip Technology" (M. Schena, Ed.), pp. 221-230. Eaton Publishing, Natick, MA.

Afanassiev, V., Hanemann, V., e Wolfl, S. (2000). Preparação de microarranjos de ADN e proteínas em lâminas de vidro revestidas com uma película de agarose. Nucl. Acids Res. 28, E66.

Baldi, P., e Long, A. D. (2001). Uma estrutura bayesiana para a análise de dados de expressão de microarray: teste t regularizado e inferências estatísticas de alterações genéticas. Bioinformatics 17, 509-519.

Basarsky, T., Verdnik, D., Zhai, J. Y., e Wellis, D. (2000). Visão geral de um scanner de microarray: Fundamentos de conceção para uma plataforma integrada de aquisição e análise. Em "Microarray Biochip Technology" (M. Schena, Ed.), pp. 265-284. Eaton Publishing, Natick, MA.

Bassett, D. Jr., Eisen, M., e Boguski, M. (1999). Gene expression informatics - it's all in your mine. Nat. Genet. Sup. 21, 51-55.

Battaglia, C., Salani, G., Consolandi, C., Bernardi, L. R., e De, Bellis, G. (2000). Análise de microarrays de DNA por coloração fluorescente não destrutiva usando SYBR green II. Biotechniques 29, 78-81.

Bavykin SG, Akowski JP, Zakhariev VM, Barsky VE, Perov AN, Mirzabekov AD: Sistema portátil para preparação de amostras microbianas e análise de microarranjos de oligonucleótidos. Appl Environ Microbiol 2001, 67:922-928.

Beattie, K. L., Eggers, M. D., Shumaker, J. M., Hogan, M. E., Varma, R. S., Lamture, J. B., Hollis, M. A., Ehrlich, D. J., e Rathman, D. (1992). Genosensor technology. Clin. Chem. 39, 719-722.

Beattie, W. G., Meng, L., Turner, S., Varma, R. S., Dao, D. D., e Beattie, K. L. (1995). Hibridização de alvos de ADN em sondas de oligonucleótidos ligadas a vidro. Mol. Biotechnol. 4, 213-225.

Beier, M., e Hoheisel, J. (1999). Derivatização versátil de meios de suporte sólidos para ligação covalente em microchips de ADN. Nucl. Acids Res. 27, 1970-1977.

Beier, M., e Hoheisel, J. (1999). Derivatização versátil de meios de suporte sólidos para ligação covalente em microchips de ADN. Nucl. Acids Res. 27, 1970-1977.

Ben-Dor, A., Shamir, R., e Yakhini, Z. (1999). Agrupamento de padrões de expressão de genes. J. Comput. Biol. 6, 281-297.

Bodrossy, L., N Stralis-Pavese, J.C. Murrell, S. Radajewski, A. Weilharter, e A. Sessitsch. 2003. Desenvolvimento e validação de um microarray microbiano de diagnóstico para metanotróficos. Environ. Microbiol, 5(7):566-582.

Chee M, Yang R, Hubbell E, Berno A, Huang XC, Stern D, Winkler J, Lockhart DJ, Morris MS, Fodor SPA: Accessing genetic information with high-density DNA arrays. Science 1996, 274:610-614.

Chee, M., Yang, R., Hubbell, E., Berno, A., Huange, X. C., Stern, D., Winkler, J., Lockhart, D. J., Morris, M. S., e Fodor, S. P. A. (1996). Accessing genetic information with high-density DNA arrays (Acesso à informação genética com matrizes de ADN de alta densidade). Science 274, 610-614.

Chen, Y., Dougherty, E. R., e Bittner, M. L. (1997). Decisões baseadas em rácios e análise quantitativa de imagens de microarray de cDNA. J. Biomed. Optics. 2, 364-374.

Cheng Li e Wing Hung Wong. 2001. Análise baseada em modelos de matrizes de oligonucleótidos: Cálculo do índice de expressão e deteção de valores atípicos. Edição atual, Vol 98: 31-36.

Cho JC, Tiedje JM: Determinação de espécies bacterianas a partir da hibridação ADN-ADN utilizando fragmentos de genoma e microarrays de ADN. Appl Environ Microbiol 2001, 67:3677-3682.

Cho JC, Tiedje TM: Deteção quantitativa de genes microbianos através da utilização de microarrays de ADN. Appl Environ Microbiol 2002, 68:1425-1430.

Chrisey, L. A., Lee, G. U., e O'Ferrall, C. E. (1996). Ligação covalente de ADN sintético a filmes de monocamada auto-montados. Nucl. Acids Res. 24, 3031-3039.

Coller H, K. Khrapko, N. Bodyak, E. Nekhaeva, P. Herrero-Jimenez e W. Thilly. 2001. A elevada frequência de mutações homoplasmáticas do ADN mitocondrial em tumores humanos pode ser explicada sem seleção. Nature Gene, 28:147-150.

Dae-Young Lee, Kelly Shannon, Lee A. Beaudette. 2006. Deteção de agentes patogénicos bacterianos em águas residuais municipais utilizando um microarray de oligonucleótidos e PCR quantitativo em tempo real. J. of Microbiological Methods. Volume 65, Número 3, Páginas 453467.

de Saizieu A, Certa U, Warrington J, Gray C, Keck W, Mous J: Imagiologia de transcritos bacterianos por hibridação de ARN total em matrizes de oligonucleótidos. Nat Biotechnol 1998, 16:45-48.

Denef VJ, Park J, Tsoi TV, Rouillard JM, Zhang H, Wibbenmeyer JA, Verstraete W, Gulari E, Hashsham SA, Tiedje JM. 2004. Biphenyl and benzoate metabolism in a genomic context: Outlining genome-wide metabolic networks in Burkholderia xenovorans LB400. Appl Environ Microbiol 70: 4961-4970.

Dennis G., *et al.* 2003. Base de dados para anotação, visualização e descoberta integrada. Genome Biol; 4: P3.

DeRisi JL, Iyer VR, Brown PO: Exploring the metabolic and genetic control of gene expression on a genomic scale. Science 1997, 278:680-686.

Diehl, F., Grahlmann, S., Beier, M., e Hoheisel, J. D. (2001). Fabrico de microarrays de ADN com elevada homogeneidade de pontos e sinal de fundo reduzido. Nucleic Acids Res. 29, E38.

Dong Y, Glasner JD, Blattner FR, Triplett EW: Genomic interspecies microarray hybridization: rapid discovery of three thousand genes in the maize endophyte, Klebsiella pneumoniae 342, by microarray hybridization with Escherichia coli K-12 open reading frames. Appl Environ Microbiol 2001, 67:1911-1921.

Dopazo, J., e Carazo, J. M. (1997). Reconstrução filogenética utilizando uma rede neural crescente não supervisionada que adopta a topologia de uma árvore filogenética. J. Molecul. Evol. 44, 226-233.

Drobyshev, A. L., Zasedatelev, A. S., Yershov, G. M., e Mirzabekov, A. D. (1999). Massive parallel analysis of DNA-Hoechst 33258 binding specificity with a generic oligodeoxyribonucleotide microchip. Nucl. Acids Res. 27, 4100-4105.

Dudoit, S. Y., Yang, H., Gallow, M. J., e Speed, T. P. (2001). Métodos estatísticos para identificar genes com expressão diferencial em experiências replicadas de microarray de cDNA. Statist Sincia 12, 111-139.

Duggan, D. J., Bittner, M., Chen, Y., Meltzer, P., e Trent, J. M. (1999). Expression profiling using cDNA microarrays. Nat. Genet. 21, 10-14.

Dziejman, M., Balon, E., Boyd, D., Fraser, C. M., Heidelberg, J. F. e Mekalanos, J. J. 2002. Análise genómica comparativa de Vibrio cholerae: Genes that correlate with cholera endemic and pandemic disease. Proc. Natl. Acad. Sci. USA 99, 1556-1561.

Eggers, M. D., Hogan, M. E, Reich, R. K., Lamture, J., Ehrlich, D., Hollis, M., Kosicki, B., Powdrill, T., Beattie, K., Smith, S., Varma, R., Gangadharan, R., Mallik, A., Burke,

B. , e Wallace, D. (1994). Um microchip para a deteção quantitativa de grupos repórteres moleculares utilizando luminescência e radioisótopos. Biotechniques. 14, 516-525.

Eisen, M., e Brown, P. (1999). Microarrays de ADN para análise da expressão génica. Meth.

Enzymol. 303, 179-205.

Eisen, M., e Brown, P. (1999). Microarrays de ADN para análise da expressão génica. Meth. Enzymol. 303, 179-205.

Englert, D. (2000). Produção de microarrays em substratos porosos utilizando a dispensa piezoeléctrica sem contacto. Em "Microarray Biochip Technology" (M. Schena, Ed.), pp. 231-246. Eaton Publishing, Natick, MA.

Evertsz, E., Starink, P., Gupta, R., e Watson, D. (2000). Tecnologia e aplicações de microarrays de expressão genética. Em "Microarray Biochip Technology" (M. Schena, Ed.), pp. 149-166. Eaton Publishing, Natick, MA.

Fodor, S. P. A., Read, J., Pirrung, M., Stryer, L., Lu, A., e Solas, D. (1991). Síntese química paralela dirigida por luz e espacialmente endereçável. Science 251, 767-773.

Fotin, A., Drobyshev, A., Proudnikov, D., Perov, A., e Mirzabekov, A. (1998). Análise termodinâmica paralela de duplexes em microchips de oligodesoxirribonucleótidos. Nucl. Acids Res. 26, 1515-1521.

Franke-Whittle IH, Knapp BA, Fuchs J, Kaufmann R, Insam H. 2009. Aplicação do microarray COMPOCHIP para investigar as comunidades bacterianas de diferentes compostos. Microb Ecol. 57(3):510-21.

Franke-Whittle, I., S. Klammer e H. Insam. 2005. Conceção e aplicação de um microarray de oligonucleótidos para a investigação de comunidades microbianas de composto. J. of Microbiological Methods, Vol. 62, No. 1, pp. 37-56.

Gibson G: 2002. Microarrays in ecology and evolution: a preview. Molecular Ecology 2002, 11:17-24. Mol Ecol. 11(1):17-24.

Gunther S, Groth I, Grabley S, Munder T. 2006. Conceção e avaliação de um microarray de oligonucleótidos para a deteção de diferentes espécies do género Kitasatospora. J. Microbiol Methods. 65(2) : 226-36. Epub 2005 Aug 11.

Gunther S, Groth I, Schierack P, Grabley S, Munder T. 2008. Deteção direta de espécies de Kitasatospora com um método de microarray de oligonucleótidos de chaperona sem amplificação por PCR. J. Basic Microbiol. 48(4):315-8.

Guo, Z., Guilfoyle, R. A., Thiel, A. J., Wang, R., e Smith, L. M. (1994). Análise direta de fluorescência de polimorfismos genéticos por hibridação com matrizes de oligonucleótidos em suportes de vidro. Nucl. Acids Res. 22, 5456-5465.

Guschin DY, Mobarry BK, Proudnikov D, Stahl DA, Rittmann BE, Mirzabekov AD: Oligonucleotide microchips as genosensors for determinative and environmental studies in microbiology. Appl Environ Microbiol 1997, 63:2397-2402.

Guschin, D. Y., Mobarry, B. K., Proudnikov, D., Stahl, D. A., Rittmann, B. E., e Mirzabekov, A. (1997a). Microchips de oligonucleótidos como genosensores para estudos determinantes e ambientais em microbiologia. Appl. Environ. Microbiol. 63, 2397-2402.

Guschin, D., Yershov, G., Zaslavsky, A., Gemmell, A., Shick, V., Proudnikov, D., Arenkov, P., e Mirzabekov, A. (1997b). Fabrico manual de microchips de oligonucleótidos, ADN e proteínas. Anal. Biochem. 250, 203-11.

He, Z., T. J. Gentry, C. W. Scheldt, L. Wu, J. Liebich, S. C. Cheng, Z. Huang, W. Wu, B. Gu, P. Jardie, C. Criddle e J. Zhou. 2007. GeoChip, a Comprehensive Microarray for Investigating Biogeochemical, Ecological and Envi- ronemtal Processes. ISME J ., Vol. 1, No. 1, pp. 67-77.

He, Z., Y. Deng, D. J. Van Nostrand, Q. Tu, M. Xuy, C. L. Hemme, X. Li, L. Wu, T. J. Gentry, Y. Yin, J. Liebich, T. C. Hazen e J. Zhou. 2010. GeoChip 3.0 as a High Through put Tool for Analyzing Microbial Community Composi- tion, Structure and Functional Activity. The ISME J., Vol. 4, No. 9, pp. 1167-1179.

Hegde, P., Qi, R., Abernathy, K., Gay, C., Dharap, S., Gaspard, R., Hughes, J. E., Snesrud, E., Lee, N., e Quackenbush, J. (2000). Um guia conciso para a análise de microarranjos de cDNA. Biotechniques 29, 548-560.

Heller, H. M., Schena, M., Chai, A., Shalon, D., Bedilion, T., e Gilmore, J. (1997). Descoberta e análise de genes relacionados com doenças inflamatórias utilizando microarrays de cDNA. Proc. Natl. Acad. Sci. USA 94, 2150-2155.

Herrero, J., Valencia, A., e Dopazo, J. (2001). Uma rede neural crescente hierárquica não supervisionada para agrupar padrões de expressão de genes. Bioinformatics 17, 126-136.

Herwig, R., Poustka, A. J., Muller, C., Bull, C., Lehrach, H., e O'Brien, J. (1999). Agrupamento em grande escala de dados de impressão digital de cDNA. Genome Res. 9, 1093-1105.

Heyer, L. J., Kruglyak, S., e Yooseph, S. (1999). Explorando dados de expressão: identificação e análise de genes coexpressos. Genome Res. 9, 1106-1115.

Hilsenbeck, S. G., Friedrichs, W. E., Schiff, R., O'Connell, P., Hansen, R. K., Osborne, C. K ., e Fuqua, S. A. (1999). Statistical analysis of array expression data as applied to the problem of tamoxifen resistance. J. Natl. Cancer Inst. 91, 453-459.

Hughes TR, Roberts CJ, Dai H *et al.* 2000. Widespread aneuploidy revealed by DNA microarray expression profiling. Nature Genetics, 25, 333-337.

Hurt RA, Qiu X, Wu L, Roh Y, Palumbo AV, Teidje JM, Zhou J: Extração simultânea de ARN e ADN de amostras ambientais. Appl Environ Microbiol 2001, 67:4495-4503.

John J. Kellya, Slil Siripong, John McCormack, Lori R. Janus, Hidetoshi Urakawa, Said El Fantroussic, Peter A. Noblec, Laura Sappelsa, Bruce E. Rittmann, David A. Stahl. 2005. Water Res., 39, 3229-3238

John J. Kellya, Slil Siripongb, John McCormacka,1, Lori R. Janusa, Hidetoshi Urakawac,2, Said El Fantroussic,3, Peter A. Noblec, Laura Sappelsab,4, Bruce E. Rittmannb, David A. Stahlc. 2005. Deteção por microarray de ADN de 16S rRNA de bactérias nitrificantes em amostras de estações de tratamento de águas residuais. Water Res., 39; 3229-3238.

Kane, M. D., Jatkoe, T. A., Stumpf, C. R., Lu, J., Thomas, J. D., e Madore, S. J. (2000). Assessment of the sensitivity and specificity of oligonucleotide (50mer) microarrays. Nucl. Acids Res. 28, 4552-4557.

Karban R, Baldwin IT. 1997. Induced Responses to Herbivory (Respostas Induzidas à Herbivoria). Chicago: Chicago University Press.

Kerr, M. K., e Churchill, G. A. (2001a). Statistical design and the analysis of gene expression microarray data. Genet. Res. 77, 123-128.

Kerr, M. K., e Churchill, G. A. (2001b). Experimental design for gene expression microarrays. Biostatistics 2, 183-201.

Khodursky AB, Peter BJ, Cozzarelli NR, Botstein D, Brown PO, Yanofsky C: Análise de microarray de ADN da expressão genética em resposta a alterações fisiológicas e genéticas que afectam o metabolismo do triptofano em Escherichia coli. Proc Natl Acad Sci USA 2000, 97:12170-12175.

Khodursky, A. B., Peter, B. J., Cozzarelli, N. R., Botstein, D., Brown, P. O., e Yanofsky, C. (2000). Análise de microarranjos de ADN da expressão genética em resposta a alterações fisiológicas e genéticas que afectam o metabolismo do triptofano em Escherichia coli. Proc. Natl. Acad. Sci. USA 97, 12170-12175.

Khrapko, K. R., Lysov, Y. P., Khorlyn, A. A., Ivanov, I. B., Yershov, G. M., Vasilenko, S. K., Vlorentiev, V. L., e Mirzabekov, A. (1989). Uma abordagem de hibridação de oligonucleótidos para a sequenciação de ADN. FEBS Lett. 256, 118-122.

Kimberly L Cook e Gary S Saylery. 2003. Environmental application of array technology: promise, problems and practicalities. Current Opinion in Biotech, 14: 311-318.

Knight, J. (2001). When the chips are down. Nature 410, 860-861.

Koizumi Y, Kelly JJ, Nakagawa T, Urakawa H, El-Fantroussi S, Al-Muzaini S, Fukui M, Urushigawa

Y, Stahl DA: Caracterização paralela de consórcios microbianos anaeróbios que degradam tolueno e etilbenzeno por eletroforese em gel com gradiente de desnaturação por PCR, hibridação de membrana ARN-ADN e tecnologia de microarranjos de ADN. Appl Environ Microbiol 2002, 68:3215-3225.

Lamture, J. B., Beattie, K. L., Burke, B. E., Eggers, M. D., Ehrlich, D. J., Fowler, R., Hollis, M. A., Kosicki, B. B., Reich, R. K., e Smith, S. R. (1994). Deteção direta da hibridação de ácidos nucleicos na superfície de um dispositivo de carga acoplada. Nucl. Acids Res. 22, 2121-2125.

Lipshultz, R. J., Fodor, S. P. A., Gingeras, T. R., e Lockhart, D. J. (1999). Matrizes de oligonucleótidos sintéticos de alta densidade. Nat. Genet. 21, 20-24.

Lockhart DJ, Dong H, Byrne MC, Follettie MT, Gallo MV, Chee MS, Mittmann M, Wang C, Kobayashi M, Horton H, Brown EL: Expression monitoring by hybridization to high-density oligonucleotide arrays. Nat Biotechnol 1996, 14:1675-1680.

Lockhart, D. J., Dong, H., Byrne, M. C., Follettie, M. T., Gallo, M. V., Chee, M. S., Mittmann, M., Wang, C., Kobayashi, M., Horton, H., e Brown, E. L. (1996). Monitorização da expressão por hibridação em matrizes de oligonucleótidos de alta densidade. Nat. Biotechnol. 14, 1675-1680.

Long, A. D., Mangalam, H. J., Chan, B. Y., Tolleri, L., Hatfield, G. W., e Baldi, P. (2001). Improved statistical inference from DNA microarray data using analysis of variance and a Bayesian statistical framework. Análise da expressão genética global em Escherichia coli K12. J. Biol. Chem. 276, 19937-19944.

Loy A, Lehner A, Lee N, Adamczyk J, Meier H, Ernst J, Schleifer K-H, Wagner M. 2002. Oligonucleotide microarray for 16S rRNA genebased detection of all recognized linesages of sulfate-reducing prokaryotes in the environment. Appl. Environ. Microbiol, 68: 5064-5081.

Mace, M. L., Montagu, J., Rose, S. D., e McGuinnes, G. (2000). Novas tecnologias de impressão e deteção de microarranjos. Em "Microarray Biochip Technology" (M. Schena, Ed.), pp. 39-64. Eaton Publishing, Natick, MA.

Martinsky, T., e Haje, P. (2000). Ferramentas, kits, reagentes e serviços de microarray. Em "Microarray Biochip Technology" (M. Schena, Ed.), pp. 201-220. Eaton Publishing, Natick, MA.

McGall, G. H., e Fidanza, J. A. (2001). Síntese fotolitográfica de matrizes de oligonucleótidos de alta densidade. Em "DNA Arrays - Methods and Protocols" (J. B. Rampal, Ed.), pp. 71-101. Humana Press, Totowa, NJ.

Mechichi, T., Stackebrandt, E., Gad'on, N. & Fuchs, G. 2002. Phylogenetic and metabolic diversity of bacteria degrading aromatic compounds under denitrifying conditions, and description of Thauera phenylacetica sp. nov., Thauera aminoaromatica sp. nov., and Azoarcus buckelii sp. nov. Arch

Microbiol. 178, 26-35.

Morrison, N., Rattray, M., Oliver, S. G., Hayes, A., Zhang, N., Brutsche, M., Penkett, C., Lockey, J., Rao, S., Hays, I., Jupp, R., e Brass, A. (1999). Normalização robusta de dados de microarray em múltiplas experiências. Reunião de Microarray da Nature Genetics: Technology, Application and Analysis.

Murray AE, Lies D, Li G, Nealson K, Zhou J, Tiedje JM: A hibridação ADN-ADN em microarrays revela diferenças específicas de genes entre genomas microbianos estreitamente relacionados. Proc Natl Acad Sci USA 2001, 98:9853-9858.

Murray, A. E., Lies, D., Li, G., Nealson, K., Zhou, J., e Tiedje, J. M. (2001). A hibridação ADN/ADN em microarrays revela diferenças específicas de genes entre genomas microbianos estreitamente relacionados. Proc. Natl. Acad. Sci. USA 98, 9853-9858.

Nadon, R., e Shoemaker, J. (2002). Questões estatísticas com microarrays: processamento e análise. Trends Genet. 18, 265-271.

Nadon, R., Shi, P., Skandalis, A., Woody, E., Hubschle, H., Susko, E., Rghei, N., e Ramm, P. (2001). Métodos de inferência estatística para matrizes de expressão genética. Em "Proceedings of SPIE, Microarrays: Optical Technologies and Informatics" (Bittner, Ed.), V4266, pp. 46-55. Sociedade Internacional de Engenharia Ótica, Bellingham, WA.

Neufeld, J.D., Mohn, W.W. e Lorenzo, V. (2006) Composição de comunidades microbianas em solos contaminados com hexaclorociclohexano (HCH) de Espanha revelada com um microarray específico do habitat. Environ. Microbiol 8, 126-140.

Nuwaysir, E. F., Huang, W., Albert, T. J., Singh, J., Nuwaysir, K., Pitas, A., Richmond, T., Gorski, T., Berg, J. P., Ballin, J., McCormick, M., Norton, J., Pollock, T., Sumwalt, T., Butcher, L., Porter, D., Molla, M., Hall, C., Blattner, F., Sussman, M. R., Wallace, R. L., Cerrina, F., e Green, R. D. (2002). Gene expression analysis using oligonucleotide arrays produced by maskless photolithography (Análise da expressão genética utilizando matrizes de oligonucleótidos produzidas por fotolitografia sem máscara). Genome Res. 12, 1749-1755

Pease, A. C., Solas, D., Sullivan, E. J., Cronin, M. T., Holmes, C. P., e Fodor, S. P. A. (1994). Matrizes de oligonucleótidos geradas por luz para análise rápida da sequência de ADN. Proc. Natl. Acad. Sci. USA 91, 5022-5026.

Petrov, A., Shah, S., Draghici, S., e Shams, S. (2002). Processamento de imagens de microarray e controlo de qualidade. Em "DNA Array Image Analysis - Nuts & Bolts" (S. Shah e G. Kamberova, Eds.), pp. 99-130. DNA Press, LLC, Eagleville, PA.

Pinkel D, Seagraves R, Sudar D, Clark S, Poole I, Kowbel D, Collins C, Kuo WL, Chen C, Zhai Y et al.: High-resolution analysis of DNA copy number variation using comparative genomic hybridization to microarrays. Nat Genet 1998, 20:207-211.

Pinkel D, Segraves R, Sudar D, Clark S, Poole I, Kowbel D, Collins C, Kuo WL, Chen C, Zhai Y et al: High resolution analysis of DNA copy number variation using comparative genomic hybridization to microarrays. Nat Genet 1998, 20:207-211.

Pollack JR, Perou CM, Alizadeh AA, Eisen MB, Pergamenschikov A, Williams CF, Jeffrey SS, Botstein D, Brown PO: Genome-wide analysis of DNA copy-number changes using cDNA microarrays. Nat Genet 1999, 23:41-46.
Pollack JR, Perou CM, Alizadeh AA, Eisen MB, Pergamenschikov A, Williams CF, Jeffrey SS, Botstein D, Brown PO: Genome-wide analysis of DNA copy-number changes using cDNA microarrays. Nat Genet 1999, 23:41-46.
Ramsay, G. (1998). Chips de ADN: estado da arte. Nat. Biotechnol. 1, 640-644.

Reeve, J. R., C. W. Schadt, L. Carpenter-Boggs, S. Kang, J. Zhou e J. P. Reganold. 2010. Effects of Soil Type and Farm Management on Soil Ecological Functional Gene and Microbial Activities (Efeitos do tipo de solo e da gestão agrícola no gene funcional ecológico do solo e nas actividades microbianas). ISME J., Vol. 4, No. 9, pp. 1099-1107.

Rehman, F. N., Audeh, M., Abrams, E. S., Hammond, P. W., Kenney, M., e Boles, T. C. (1999). Imobilização de oligonucleótidos modificados com acrilamida por copolimerização. Nucl. Acids Res 27, 649-655.
Rehman, F. N., Audeh, M., Abrams, E. S., Hammond, P. W., Kenney, M., e Boles, T. C. (1999). Imobilização de oligonucleótidos modificados com acrilamida por copolimerização. Nucl. Acids Res 27, 649-655.
Rhee, S.K., Liu, X., Wu, L.-Y., Chong, S.C., Wan, X., Zhou, J., 2004. Deteção de genes envolvidos na biodegradação e biotransformação em comunidades microbianas através da utilização de microarrays de oligonucleótidos de 50 mero. Appl. Environ. Microbiol. 70, 43034317.

Riley M, Serres M. 2000. Interim report on genomics of Escherichia coli. Annual Reviews of Microbio, 54, 341-411.

Rodriguez-Martinez, M., Ernie X. Pérez, Christopher W. Schadt, Jizhong Zhou e Arturo A. Massol-Deya. 2006. Microbial Diversity and Bioremediation of a Hydrocarbon- Contaminated Aquifer (Vega Baja, Puerto Rico). Int. J. Environ. Res. Saúde Pública, 3(3), 292-300.

Rogers, Y., Jiang-Baucome, P., Huange, Z., Bogdanov, V., Anderson, S., e Boyce-Jacino, M. T.

(1999). Imobilização de oligonucleótidos num suporte de vidro através de ligações dissulfureto: Um método para a preparação de microarrays de ADN. Ann. Biochem. 266, 23-30.

Rose, D. (2000). Tecnologias microfluídicas e instrumentação para impressão de microarrays de ADN. Em "Microarray Biochip Technology" (M. Schena, Ed.), pp. 19-38. Eaton Publishing, Natick, MA.

Salunga, R. C., Guo, H., Luo, L., Bittner, A., Joy, K. D., Chambers, J. R., Wan, J. S., Jackson, M. R., e Erlander, M. G. (1999). Gene expression analysis via cDNA microarrays of laser capture microdissected cells from fixed tissue. Em "DNA Microarrays: A Practical Approach" (M. Schena, Ed.), pp. 121-136. Oxford University Press, Nova Iorque, NY.

Samanta SK, Singh OV, Jain RK. Polycyclic aromatic hydrocarbons. 2002. Environmental pollution and bioremediation. Trends Biotechnol ;20: 243-8.

Sanguin H, *et al.* Desenvolvimento e validação de um protótipo de microarray taxonómico baseado no 16S rRNA para Alphaproteobacteria. Environ. Microbiol 2005;8: 289-307.

Sarah M. Miller, Dieter M. Tourlousse, Robert D. Stedtfeld, Samuel W. Baushke, Amanda B. Herzog, Lukas M. Wick, Jean Marie Rouillard, Erdogan Gulari, James M. Tiedje e Syed A. Hashsham. 2008. Biochip de Virulência e Marcador Genético Sintetizado In Situ para Deteção de Patógenos Bacterianos na Água. Applied and Environ. Microbiol., p. 2200-2209.

Schadt, E. E., Li, C., Su, C., e Wong, W. H. (2000). Analyzing high-density oligonucleotide gene expression array data. J. Cell Biochem. 80, 192-202.

Schena, M. 2003. "Microarray analysis". John Wiley & Sons, Nova Iorque, NY.

Schena, M., e Davis, R. W. (2000). Normas tecnológicas para a investigação em microarray. Em "Microarray Biochip Technology" (M. Schena, Ed.), pp. 1-18. Eaton Publishing, Natick, MA.

Schena, M., Shalon, D., Heller, R., Chai, A., Brown, P., e Davis, R. W. (1996). Parallel human genome analysis: microarray-based expression monitoring of 1000 genes. Proc. Natl. Acad. Sci. USA 93, 10614-10619.

Schermer, M. J. (1999). Microscopia de varrimento confocal na deteção de microarranjos. Em "DNA Microarrays: A Practical Approach" (M. Schena, Ed.), pp. 17-42. Oxford University Press, Nova Iorque, NY.\

Schonmann S, Loy A, Wimmersberger C, Sobek J, Aquino C, Vandamme P, Frey B, Rehrauer H, Eberl L. 2009. Microarray filogenético baseado no gene 16S rRNA para identificação simultânea de membros do género Burkholderia. Environ Microbiol. 11(4):779-800.

Shalon D, Smith SJ, Brown PO. 1996. Um sistema de microarray de DNA para analisar amostras complexas de DNA usando hibridização de sonda fluorescente de duas cores. Genome Res., 6 (7): 639-645. doi:10.1101/gr.6.7.639. PMID 8796352.

Shalon D, Smith SJ, Brown PO: Um sistema de microarray de ADN para analisar amostras complexas de ADN utilizando hibridação de sondas fluorescentes de duas cores. Genome Res 1996, 6:639645.

Shalon, D., Smith, S. J., e Brown, P. O. (1996). Um sistema de microarray de ADN para analisar amostras complexas de ADN utilizando hibridação de sondas fluorescentes de duas cores. Genome Res. 6, 639-645.

Shchepinov, M. S., Case-Green, S. C., e Southern, E. M. (1997). Factores estéricos que influenciam a hibridação de ácidos nucleicos em matrizes de oligonucleótidos. Nucl. Acids Res. 25, 1155-1161.

Shoemaker DD, Linsley PS. 2002. Desenvolvimentos recentes em microarrays de DNA. Curr. Opin Microbiol, 5: 334-337.

Shriver-Lake, L. C. (1998). Superfícies modificadas com silano para imobilização de biomateriais. Em "Immobilized Biomolecules in Analysis" (T. Cass e F. S. Ligler, Eds.), pp. 1-14. Oxford University Press, Nova Iorque, NY.

Small J, Call DR, Brockman FJ, Straub TM, Chandler DP: Deteção direta de 16S rRNA em extractos de solo utilizando microarrays de oligonucleótidos. Appl Environ Microbiol 2001, 67:4708-4716.

Southern, E. M. (2001). Microarrays de ADN. História e visão geral. Meth. Mol. Biol. 170, 115.

Southern, E. M., Case-Green, S. C., Elder, J. K., Johnsone, M., Mir, K. U., Wang, L., e Williams, J. C. (1994). Arrays of complementary oligonucleotides for analyzing the hybridizaiton behaviour of nucleic acids. Nucl. Acids Res. 22, 1368-1373.

Southern, E. M., Maskos, U., e Elder, J. K. (1992). Análise e comparação de sequências de ácidos nucleicos por hibridação em matrizes de oligonucleótidos: avaliação utilizando modelos experimentais. Genómica 13, 1108-1107.

Southern, E., Mir, K., e Shchepinov, M. (1999). Molecular interactions on microarrays (Interações moleculares em microarrays). Nat. Genet. 21(Suppl. S), 5-9.

Spellman PT, Sherlock G, Zhang MQ, Iyer VR, Anders K, Eisen MB, Brown PO, Botstein D, Futcher B: Identificação exaustiva de genes regulados pelo ciclo celular da levedura Saccharomyces cerevisiae por hibridação de microarray. Mol Biol Cell 1998, 9:3273-3297.

Stears, B. L., Martinsky, T., e Schena, M. (2003). Tendências na análise de microarray. Nat. Med. 9, 140-145.

Stears, B. L., Martinsky, T., e Schena, M. 2003. Trends in microarray analysis (Tendências na análise de microarranjos). Nat. Med. 9, 140-145.

Stears, R. L., Getts, R. C., e Gullans, S. R. (2000). Um sistema de deteção novo e sensível para microarrays de alta densidade utilizando a tecnologia de dendrímeros. Physiol. Genómica 3, 9399.

Steel, A. B., Levicky, R. L., Herne, T. M., e Tarlo, M. J. (2000). Imobilização de ácidos nucleicos em superfícies sólidas: efeito do comprimento do oligonucleótido na montagem da camada. Biophys. J79, 975-981.

Stella Asuming-Brempong. 2012. Tecnologia de microarray e sua aplicabilidade na ciência do solo - uma breve revisão. Open J. of Soil Sci., 2, 333-340.

Stillman, B. A., e Tonkinson, J. L. (2000). Lâminas FAST: uma nova superfície para microarrays. Biotechniques 29, 630-635.

Stralis-Pavese N, Abell GC, Sessitsch A, Bodrossy L. 2011. Análise da composição da comunidade metanotrófica usando um microarray de diagnóstico microbiano baseado em pmoA. Nat. Protoc; 6(5):609-24. Epub 2011 Abr 14.

Straub TM, Daly DS, Wunshel S, Rochelle PA, DeLeon R, Chandler DP: Genotipagem de Cryptosporidium parvum com um microarray de polimorfismo de nucleótido único hsp70. Appl Environ Microbiol 2002, 68:1817-1826.

Tamayo, P., Slonim, D., Mesirov, J., Zhu, Q., Kitareewan, S., Dmitrovsky, E., Lander, E. S., e Golub, T. R. (1999). Interpretação de padrões de expressão génica com mapas de auto-organização: métodos e aplicação à diferenciação hematopoiética. Proc. Natl. Acad. Sci. USA 96, 2907-2912.

Taniguchi M, Miura K, Iwao H, Yamanaka S: Avaliação quantitativa de microarrays de ADN em comparação com análises de northern blot. Genomics 2001, 71:34-39.

Tao H, Bausch C, Richmond C, Blattner FR, Conway T: Genómica funcional: análise da expressão de Escherichia coli que cresce em meios mínimos e ricos. J Bacteriol 1999, 181:6425-6440.

Taroncher-Oldenburg, G., Erin M. Griner, Chris A. Francis e Bess B. Ward. 2003. Oligonucleotide Microarray for the study of functional gene diversity in the nitrogen cycle in the environment. Applied and Environ. Microbio., p. 1159-1171.

Thompson, D. K., Beliaev, A. S., Giometti, C. S., Tollaksen, S. L., Khare, T., Lies, D. P., Nealson, K. H., Lim, H., Yates, III, J., Brandt, C. C., Tiedje, J. M., e Zhou, J. (2002). Análise transcricional e proteómica de um mutante do regulador da captação de ferro (Fur) de Shewanella oneidensis: Possível envolvimento de Fur no metabolismo energético, regulação transcricional e stress oxidativo. Appl. Environ. Microbiol. 68, 881-892.

Toronen, P., Kolehmainen, M., Wong, G., e Castren, E. (1999). Análise de dados de expressão genética utilizando mapas auto-organizados. FEBS Lett. 451, 142-146.

Tseng, G. C., Oh, M. K., Rohlin, L., Liao, J. C., e Wong, W. H. (2001). Issues in cDNA microarray analysis: quality filtering, channel normalization, models of variations and assessment of gene effects. Nucl. Acids Res. 29, 2549-2557.

Tseng, G. C., Oh, M. K., Rohlin, L., Liao, J. C., e Wong, W. H. (2001). Issues in cDNA microarray analysis: quality filtering, channel normalization, models of variations and assessment of gene effects. Nucl. Acids Res. 29, 2549-2557.

Urakawa H, Noble PA, El Fantroussi S, Kelly JJ, Stahl DA: Discriminação de pares de base única de desajustes terminais utilizando microarrays de oligonucleótidos e análises de redes neuronais. Appl Environ Microbiol 2002, 68:235-244.

Urakawa H, Noble PA, El Fantroussi S, Kelly JJ, Stahl DA: Discriminação de pares de base única de desajustes terminais utilizando microarrays de oligonucleótidos e análises de redes neuronais. Appl Environ Microbiol 2002, 68:235-244.

Valinsky L, Vedova GD, Scupham AJ, Alvey S, Figueroa A, Yin B, Hartin RJ, Chrobak M, Crowley DE, Jiang T *et al.* 2002. Analysis of bacterial community composition by oligonucleotide fingerprinting of rRNA genes. Appl Environ. Microbiol., 68:32433250.

Vasiliskov, A., Timofeev, E., Surzhikov, S., Drobyshev, A., Shick, V., e Mirzabekov, A. (1999) . Fabrico de microarray de compostos imobilizados em gel num chip por copolimerização. Biotechniques 27, 592-606.

Verdnik, D., Handran, S., e Pickett, S. (2002). Key considerations for accurate microarray scanning and image analysis (Considerações fundamentais para uma digitalização exacta de microarrays e análise de imagens). Em "DNA Array Image Analysis - Nuts & Bolts" (S. Shah e G. Kamberova, Eds.). DNA Press, LLC, Eagleville, PA.

Voordouw G, Shen Y, Harrington CS, Telang AJ, Jack TR, Westlake DWS: Quantitative reverse sample genome probing of microbial communities and its application to oil field production waters. Appl Environ Microbiol 1993, 59:4101-4114.

Voordouw G: Sondagem do genoma de amostras invertidas da dinâmica da comunidade microbiana. ASM News 1998, 64:627-633.

Wang DG, Fan JB, Siao CJ, Berno A, Young P, Sapolsky R, Ghandour G, Perkins N, Winchester E, Spencer J et al.: Large-scale identification, mapping, and genotyping of single-nucleotide polymorphisms in the human genome. Science 1998, 280:10771082.

Warrington, J. A., Dee, S., e Trulson, M. (2000). Análise genómica em grande escala utilizando matrizes de sondas Affymetrix GeneChipw. Em "Microarray Biochip Technology" (M. Schena, Ed.), pp. 119-148. Eaton Publishing, Natick, MA.

Warrington, J. A., Dee, S., e Trulson, M. (2000). Análise genómica em grande escala utilizando matrizes de sondas Affymetrix GeneChipw. Em "Microarray Biochip Technology" (M. Schena, Ed.), pp. 119-148. Eaton Publishing, Natick, MA.

Wei Y, Lee JM, Richmond C, Blattner FR, Rafalski JA, LaRossa RA: Perfil de expressão génica de Escherichia coli mediado por microarray de alta densidade. J Bacteriol 2001, 183:545-556.

Wilson KH, Wilson WJ, Radosevich JL, DeSantis TZ, Viswanathan VS, Kuczmarski TA, Andersen GL: Microarray de alta densidade de sondas de DNA ribossómico de subunidade pequena. Appl Environ Microbiol 2002, 68:2535-2541.

Wodicka L, Dong H, Mittman M, Ho MH, Lockhart DJ: Monitorização da expressão a nível do genoma em Saccharomyces cerevisiae. Nat Biotechnol 1997, 15:1359-1367.

Wodicka, L., Dong, H., Mittmann, M., Ho, M.-H., e Lockhart, D. J. (1997). Monitorização da expressão a nível do genoma em Saccharomyces cerevisiae. Nat. Biotechnol. 15, 1359-1367.

Worley, J., Bechtol, K., Penn, S., Roach, D., Hanzel, D., Trounstine, M., e Barker, D. (2000) . Uma abordagem de sistemas para fabricar e analisar microarrays de DNA. Em "Microarray Biochip Technology" (M. Schena, Ed.), pp. 65-85. Eaton Publishing, Natick, MA.

Wu L, Thompson D, Li G, Hurt RA, Tiedje JM, Zhou J: Desenvolvimento e avaliação de matrizes genéticas funcionais para a deteção de genes selecionados no ambiente. Appl Environ Microbiol 2001, 67:5780-5790.

Wu L, Thompson DK, Li G, Hurt RA, Tiedje JM, Zhou J: Desenvolvimento e avaliação de matrizes genéticas funcionais para a deteção de genes selecionados no ambiente. Appl Environ Microbiol 2001, 67:5780-5790.

Wu, L. Y., Thompson, D., Li, G.-S., Hurt, R., Huang, H., Tiedje, J. M., e Zhou, J.-Z. (2001) . Desenvolvimento e avaliação de matrizes genéticas funcionais para a deteção de genes selecionados no ambiente. Appl. Environ. Microbiol. 67, 5780-5790.

Wu, L.-Y., Thompson, D.K., Liu, X., Fields, M.W., Bagwell, C.E., Tiedje, J.M., Zhou, J.- Z. 2004. Desenvolvimento e avaliação da hibridação de todo o genoma com base em microarray para a deteção de microrganismos no contexto de aplicações ambientais. Env. Sci. Technol. 38, 6775-6782.

Xu, D., Li, G., Wu, L., Zhou, J.-Z., e Xu, Y. (2002). PRIMEGENS: Um programa de computador para a conceção robusta e eficiente de alvos específicos de genes em microarrays. Bioinformatics 18, 1432-1437.

Y. Liang, Z. He, L. Wu, Y. Deng, G. Li, J. Zhou. 2010. Desenvolvimento de um padrão de referência de oligo comum (CORS) para normalização e comparação de dados de microarray em diferentes comunidades microbianas. Applied and Environ. Microbiol, Vol. 76, No. 4: 1088-1094.

Ye RW, Tao W, Bedzyk L, Young T, Chen M, Li L: Perfis globais de expressão genética de Bacillus subtilis cultivado em condições anaeróbias. J Bacteriol 2000, 182:44584465.

Yergeau E, Kang S, He Z, Zhou J, Kowalchuk GA. 2007. Functional microarray analysis of nitrogen and carbon cycling genes across an Antarctic latitudinal transect. ISME J. (2): 163-79.

Yergeau E, Schoondermark-Stolk SA, Brodie EL, Dejean S, DeSantis TZ, Gonçalves O, Piceno YM, Andersen GL, Kowalchuk GA. 2009. Environmental microarray analyses of Antarctic soil microbial communities (Antarctic soil microbial communities). ISME J. (3):340-51. Epub 2008 Nov 20.

Yergeau E, Schoondermark-Stolk SA, Brodie EL, Dejean S, DeSantis TZ, Gonçalves O, Piceno YM, Andersen GL, Kowalchuk GA. 2009. ISME J. (3): 340-51.

Zammatteo, N., Jeanmart, L., Hamels, S., Courtois, S., Louette, P., Hevesi, L., e Remacle, J. (2000). Comparação entre diferentes estratégias de ligação covalente de ADN a superfícies de vidro para construir microarrays de ADN. Anal. Biochem. 280, 143-150.

Zhang C, Bennett GN. 2005. Biodegradação de xenobióticos por bactérias anaeróbias. Appl Microbiol. Biotechnol., 67: 600-18.

Zhou J, Bruns MA, Tiedje JM: Recuperação de ADN de solos de composição diversa. Appl Environ Microbiol 1996, 62:461-468.

Zhou J, Thompson D: Microarrays: aplicações em microbiologia ambiental. Em Encyclopedia of Environmental Microbiology, vol. 4. Editado por Bitton G. Nova Iorque: John Wiley & Sons; 2002:1968-1979.

Zhou JZ, Davey ME, Figueras JB, Rivkina E, Glichinsky D, Tiedje JM: Diversidade filogenética de uma comunidade bacteriana determinada a partir do ADN do solo da tundra siberiana. Microbiology 1997, 143:3913-3919.

Zhou, J., e Thompson, D. K. (2002). Desafios na aplicação de microarrays a estudos ambientais. Curr. Opin. Biotechnol. 13, 204-207.

Zhou, J., Palumbo, A. V., e Tiedje, J. M. (1997). Sensitive detection of a novel class of toluenedegrading denitrifiers, Azoarcus tolulyticus, with small-subunit rRNA primers and probes. Appl. Environ. Microbiol. 63, 2384-2390.

Zlatanova, J., e Mirzabekov, A. (2001). Microarrays de ácidos nucleicos e proteínas imobilizados em gel: produção e aplicação na investigação macromolecular. Meth. Mol. Biol. 170, 17-38.

MIX
Papier aus verantwortungsvollen Quellen
Paper from responsible sources
FSC® C105338

Printed by Books on Demand GmbH, Norderstedt / Germany